팀 플래너리 박사님이 들려주는

신기한 바닷속 세상 이야기

팀 플래너리 글
샘 콜드웰 그림
천미나 옮김
박시룡 감수

심해 동물 대탐험

글쓴이 팀 플래너리
오스트레일리아의 탐험가, 고생물학자, 포유류학자, 대중 과학 저술가이자 기후 위기 전문가입니다. 오스트레일리아박물관 전문 학예사로 일하면서 사람의 발길이 잘 닿지 않는 곳으로 탐험을 떠나 30종 넘는 새 포유류 종을 찾아내고 공룡 화석과 포유류 화석을 발견하기도 했습니다. 사우스오스트레일리아박물관 관장과 매쿼리대학교 교수 등을 역임했고, 오스트레일리아 기후 위원회를 이끌면서 기후 위기를 해결하기 위한 전문적 조언과 강연, 저술, 방송 출연 등 다양한 활동을 펼쳤습니다. 지은 책으로 《동물 세계 대탐험》, 《자연의 빈자리: 지난 5백 년간 지구에서 사라진 동물들》, 《경이로운 생명》, 《기후 창조자》, 《지구 온난화 이야기》 들이 있습니다.

그린이 샘 콜드웰
영국의 일러스트레이터이자 디자이너입니다. 에든버러 미술대학에서 회화를 공부한 뒤 《동물 세계 대탐험》, 《바닷속으로》, 《우지와 친구들》, 《고대 세계 이야기》를 비롯한 여러 어린이책에 그림을 그렸습니다.

옮긴이 천미나
이화여자대학교 문헌정보학과를 졸업하고 지금은 어린이책 전문 번역가로 활동하고 있습니다. 그동안 옮긴 책으로는 《지구의 모든 지식》, 《나무가 되자》, 《도대체 학교는 누가 만든 거야》, 《대중교통 타고 북적북적 도시 탐험》, 《명화 탐정 위조 그림의 비밀을 찾아라!》 들이 있습니다.

감수 박시룡
한국교원대학교 명예교수로, 황새생태연구원장을 지내며 오랫동안 황새 살리기에 힘써 왔습니다. 어린이와 어른을 위한 다양한 동물 관련 책의 집필과 감수와 번역을 맡았으며, 《박시룡 교수의 끝나지 않은 생명 이야기》, 《황새가 있는 풍경》에는 직접 그린 수채화가 실리기도 했습니다. KBS '동물의 왕국' 감수 교수로도 활약하고 있습니다.

팀 플래너리 박사님이 들려주는

신기한 바닷속 세상 이야기

팀 플래너리 글
샘 콜드웰 그림
천미나 옮김
박시룡 감수

심해 동물 대탐험

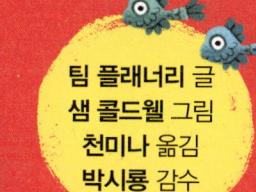

별숲

들어가며
6

밀착 취재
14

지구의 대양과 수층
10

중간층
16

심해층
42

심해 열수구
68

일러두기
• 이 책의 동물명은 국립국어원 표준국어대사전과 두산백과의 표제어를 기준으로 표기하되, 정착되지 않은 이름은 통상적인 이름 짓기 방식에 따라 붙였습니다.
• 기존에 '난쟁이' 같은 비하어가 들어간 이름은 새로운 이름으로 바꾸었습니다.

고래 사체와 침몰선
100

심연
82

해구
112

낱말 사전
120

찾아보기
124

들어가며

나는 어렸을 때부터 바다가 좋았어요. 스쿠버 다이빙을 즐겼는데, 열여섯 살 때 수심 30m 깊이까지 내려간 적이 있어요. 오스트레일리아 멜버른의 포트필립만의 선박 항로로, 지금은 다이빙이 금지된 구역이랍니다! 지금도 그 끝없는 암흑을 기억해요. 눈앞이 캄캄하고, 바닥이 어디인지도 알지 못한 채 내려갈수록 검은 진창만 짙어졌다고 할까요? 위아래도 구분이 되질 않았어요. 마우스피스를 빼고 숨을 훅 내쉬었더니 공기 방울이 옆으로 가는 거예요! 서 있는 줄 알았는데 옆으로 누워 있었던 거죠!

내가 내려간 곳보다 깊디깊은 심해는 인간이 대하기 훨씬 힘든 곳이에요. 그렇지만 그러한 바닷속에도 수많은 생명체가 살고 있지요. 앞으로 이 책에서 그런 생명체들을 소개하려고 해요.

깊은 바다는 알쏭달쏭하고 놀라워요. 믿기 어려울 만큼 아름다운 동시에 무시무시하니까요. 심해는 극한 환경이에요. 이 신비롭고도 아득히 먼 곳을 탐험한다고 생각해 보세요. 맨 먼저 칠흑 같은 어둠 속에서 완전히 길을 잃은 기분이 들 거예요. 사방이 끝 모를 검은빛 꿈처럼 느껴지지요. 그다음으로는 물이 얼음처럼 차다는 걸 깨달아요. 어는점(빙점)에 가까운 물속으로 잠수를 한 셈이니까요. 온몸에 돋은 소름은 걱정 축에도 끼지 못해요! 마지막으로, 몹시 불편한 기분이 들기 시작해요. 강한 수압이 온몸을 짓누를 테니까요. 안락한 환경도 아니고, 이런 심해에서 생존 가능한 동물이 있을지 의문이 들 거예요.

그 의문에 대한 답은, 이곳의 주인들은 더할 수 없이 진기하고도 흥미진진한 방식으로 적응하며 살아가고 있다는 거예요. 놀라운 시력을 가진 동물부터 함정을 파 놓고 먹이를 잡아먹는 독창적인 사냥법을 자랑하는 동물에 이르기까지요. 스스로 빛을 내는 생명체가 있는가 하면, 머리에 낚

싯대를 달고 다니는 물고기도 있어요. 위가 늘어나는 물고기도 있고, 눈이 우리 머리만 한 물고기도 있어요. 읽다 보면 도저히 진짜라고 믿기 어려운 녀석들도 있겠지만, 단언컨대 진짜입니다!

심해는 지구상에 존재하는 전체 서식지의 10분의 9를 차지해요.

그런데 대부분은 수수께끼로 남아 있어요. 알려진 사실이 많지 않지요. 지구에 있는 심해보다 지구 밖의 달 표면을 더 많이 알 정도니까요. 달 위를 걸은 사람은 12명이지만, 수심 6,000m 아래로 내려간 사람은 고작 4명뿐이에요. 그 6,000m도 전체 깊이의 절반밖에 되지 않는답니다! 이 매혹적인 세상에 대해 우리는 더 많이 알아야 마땅해요. 바로 그런 점에서 이 책이 도움이 되었으면 해요. 혹시 행성의 이름을 줄줄이 꿰고 있나요? 별자리는요? 그렇다면 바다의 가장 깊은 곳 중 한 군데만 이름을 말해 보세요. 깊은 바다 밑 세상은 탐험할 곳이 넘쳐 나지만, 우리가 아는 사실은 새 발의 피인 셈이지요!

거기엔 그럴 만한 까닭이 있어요. 첫째, 바다 밑까지 가는 게 너무 어려워요. 스노클링으로 내려갈 수 있는 깊이는 기껏해야 10m이고, 프리 다이버(장비 없이 잠수하는 잠수부)는 100m까지 내려가기도 해요. 매우 특별한 스쿠버 장비(수중 호흡 장치)가 있으면 몇백 미터까지도 가능하지만, 그보다 깊은 곳은 어마어마한 수압 때문에 생존 자체가 불가능해요. 잠수정은 훨씬 더 깊이 내려갈 수 있지만, 심해의 생명체를 볼 수 있을 정도로 깊은 곳은 어림도 없어요. 둘째, 심해 탐사 장비가 매우 비싸서 누구나 사기는 어려워요.

해저에서 느끼는 극한의 수압은 우리가 지금껏 경험했던 그 어떤 것과도 달라요. 대기는 지구를 에워싸고 있는 온갖 기체로 구성되어 있고, 잘 느끼지는 못해도 우리는 기압을 받으며 살아가요. 깊은 바다는 그 압력이 훨씬 커요. 10m 아래로 내려갈 때마다 수압은 1기압씩 상승해요. 따라서 바다 밑으로 10m만 내려가도 지표면에 있을 때의 2배에 달하는 기압을 고스란히 느끼게 되지요! 가장 깊은 해저인 11km 아래에서는 6,803kg에 달하는 아프리카코끼리가 우리 엄지발가락 위에 서 있는 것과 맞먹는 수압이 가해진답니다!

아프겠다!

모든 동식물은 분자라고 하는 아주 작은 구성 요소로 이루어져 있어요.

분자는 압력을 받으면 부서질 위험이 있어요. 그래서 심해로 가려면 특수한 잠수정이 필요해요. 심해 생물들은 이러한 수압으로부터 스스로를 지킬 방법을 찾아냈어요. 그들에겐 깊은 바닷속에서도 몸이 으스러지지 않게 막아 주는 **피에조라이트**(piezolyte)라고 불리는 특별한 분자가 있어요. 녀석들은 비린내가 심할 거예요. 피에조라이트는 비린내가 나는 물질인데, 심해 생물의 몸에는 피에조라이트가 아주 많거든요! 현미경으로나 볼 수 있는 해저의 아주 작은 생물들도 피에조라이트로 몸을 보호해요. 그런데 특정 깊이를 넘어서면 이것도 소용이 없어요. 수심 9,000m 아래의 바다에 물고기나 다른 척추동물(등뼈가 있는 동물)이 없는 건 바로 그 때문이에요. 그래도 갑각류와 해삼과 같은 몇몇 생물은 극심한 수압을 이겨 내며 살아가요.

심해에 사는 동물들은 먹이를 찾고, 포식자를 피하고, 짝짓기 상대를 찾으며 평생을 보내요. 먹이는 많이 필요하지 않아요. 수심 1km나 그보다 더 아래에 사는 물고기는 수면 가까이에 사는 물고기의 100분의 1에 해당하는 에너지만 있으면 살 수 있으니까요. 혹독한 추위 탓에 몸속의 모든 처리 과정이 너무 느려서 우리처럼 활동적인 동물의 눈에는 마치 생사의 경계에 놓인 것처럼 보이지요. 덕분에 어떤 심해 생물들은 아주 오래 살 수 있어요. 이 책을 읽다 보면 지구상에서 가장 장수하는 생물 중 하나로 꼽히는 심해 산호를 만날 수 있어요(98쪽 참조).

심해는 지상에 사는 우리의 삶과는 아무런 관련이 없지 않을까 싶을 정도로 아주 멀게 느껴지기도 해요. 하지만 기후 변화는 이미 가장 깊은 바닷속까지 영향을 끼치기 시작했어요. 과학자들이 수온 상승을 관찰했거든요.

깊은 바닷속까지 산소를 가져오려면 해류가 매우 중요한데, 기후 변화로 해류도 영향을 받을 수 있어요.

심해의 가장 큰 오염 문제 중 하나는 쓰레기예요. 가장 깊은 바닷속에서마저 플라스틱 쓰레기가 발견되었고, 이런 플라스틱을 먹는 심해 생물도 있어요. 플라스틱이 어떤 영향을 끼칠지 아직은 모르지만, 혹시 거리나 해변에서 플라스틱 쓰레기를 보게 되면 잘 생각해 보세요. 그 쓰레기를 주워 쓰레기통에 넣는 것만으로도 심해 생물들에게 큰 친절을 베푸는 일일 수 있으니까요.

심해에 관심이 있나요? 세계 곳곳에는 심해의 생생한 모습을 볼 수 있는 웹사이트와 영상을 제공하는 수족관과 연구소들이 있어요. 바닷가에 가면 해안으로 밀려오는 것들을 눈여겨보고, 흥미롭게 생각되면 지역 박물관에도 연락해 보세요! 과학자들도 똑같은 방식으로 심해의 매력적인 생물들을 알아내곤 한답니다.

> 어렸을 때, 심해의 수수께끼를 모조리 알려 주는 책이 있으면 좋겠다는 생각을 많이 했어요. 그런 마음을 담아서 여러분을 위해 이 책을 썼답니다! 앞으로 과학자들이 심해의 비밀을 더 많이 밝혀내면 좋겠어요. 그럼 지구를 특별하게 만들어 주는 이 괴상하고 놀라운 생명체들을 더 많이 알게 될 테니까요. 물론 바로 **여러분**이 새로운 심해 동물을 발견하는 주인공이 될 수도 있고요!
>
> *Tim Flannery*

너도 할 수 있어!

학명이란 무엇일까?

생물은 지역이나 나라에 따라 부르는 이름이 달라지지만, 과학자들이 분류한 모든 생물에는 국제적으로 사용하는 단 한 개의 학명이 있어요. 학명은 과학자들이 새로운 동식물을 추적하는 데 도움이 돼요. 새로운 유기체와 기존의 다른 생물들과의 관계를 이해하는 데에도 도움이 되지요. 학명은 속명(屬名)과 종명(種名)으로 이루어져 있어요. 예를 들어, 지금까지 발견된 가장 깊은 곳에 사는 물고기의 학명은 *Abyssobrotula galatheae*(아비소브로툴라 갈라테아이)예요. 앞부분은 속명이고 뒷부분은 종명이에요. 학명은 이탤릭체로 써요. 그런데 이름이 길어서 헷갈릴 때가 있어요. 매번 긴 학명을 다 쓰는 수고로움을 덜기 위해 속명은 첫 글자만 쓰는 경우가 많아요. 예를 들면, *A. galatheae*처럼요.

지구의 대양과 수층

지구는 70% 이상이 물로 덮여 있고, 그 물의 95% 이상은 바닷물이에요. 수많은 흥미롭고도 다양한 생물들이 살아가기에는 충분한 양이지요! 지구에는 거대한 하나의 대양이 흐르고 있어요. 이 하나의 대양을 지리적 위치에 따라 5개의 대양으로 나누는데, 그게 바로 대서양, 태평양, 인도양, 북극해(북빙양), 남극해(남빙양)예요. 그 밖에도 지구상에는 50개가 넘는 바다가 있어요. 바다는 대양보다 작고 육지에 접해 있지요. 지중해, 카리브해, 흑해는 여러분도 들어 봤을 거예요.

바다는 동쪽에서 서쪽으로 이동하면서도 달라지지만, 위에서 아래로 내려가면서도 달라져요. 대양의 평균 깊이는 3,700m인데 어떤 곳은 수심이 1만 1,000m에 이르기도 해요! 바다의 맨 아래쪽은 맨 위쪽과는 완전히 다른 곳이에요. 깊이 잠수할수록 더 어둡고, 더 춥고, 수압이 높아져요. 그리고 수층에 따라 고유의 서식 환경을 형성하고 있어요.

표층

해초가 잘 자라고, 우리에게 친숙한 물고기와 바다 생물들이 많이 서식하는 수층이에요. 가장 쉽게 찾아가고 공부할 수 있는 곳이자 그만큼 우리가 가장 잘 아는 곳이지요. 열대 지방의 바닷물은 따뜻하고, 북극 지방의 바닷물은 몹시 차가워요. 그래도 어느 지방이든 낮이면 늘 존재하는 게 하나 있지요. 바로 햇빛입니다. 표층(유광층)은 보통 수심 200m까지를 말해요. 이 책에서는 더 신비로운 바다, 다시 말해 더 깊고 도달하기가 훨씬 어려운 수층들을 다룰 거예요.

중간층

바닷물의 90%는 수심 200m 아래에 존재하며, 그 부피는 모든 육지를 합한 면적보다 11배 이상 커요. 중간층(약광층)은 수심 200m에서 1,000m까지 뻗어 있으며, 햇빛이 잘 닿지 않는 수층이라 남아 있는 햇빛이 1%도 안 돼요. 햇빛은 거의 없지만, 빛은 많답니다. 스스로 빛을 만들어 내는 동물들이 많이 살고 있거든요.

지구의 대양과 수층

심해층

중간층 아래는 수심 1,000m에서 3,000m에 이르는 심해층이에요. 물이 4℃ 정도로 매우 찬 데다 빛이 닿지 않아서 식물이 자랄 수 없어요. 이곳의 생물은 모두 청소동물(죽은 생물을 먹고 사는 동물)이거나 포식자예요. 최신 군 잠수함도 이곳까지는 내려가지 못해요. 수압이 어마어마하기 때문이랍니다.

심해 열수구

지구가 우리 발밑에 있는, 움직이지도 않고 변하지도 않는 하나의 크고 단단한 바위라고 생각하나요? 사실 지구는 4개의 큰 층으로 이루어져 있고, 층마다 존재하는 광물도 달라요. 심지어 움직이는 곳도 있답니다! 한가운데에는 밀도가 높은 내핵이 있고, 외핵과 맨틀(맨틀은 녹은 암석으로 이루어져 있어요)에 이어, 마지막으로 가장 바깥 층에는 얇은 지각이 있어요. 맨틀은 매우 뜨거워서 가장 깊은 곳은 4,000℃, 지각과 만나는 지점은 200℃ 정도예요. 지금 우리가 서 있는 곳이 바로 지각이지만, 바다 깊숙한 곳에도 지각이 있어요. 바다 한가운데에서는 대양 지각이 갈라지고 새로운 지각이 형성되고 있어요. 이곳은 가장 놀라운 서식지 중 하나로 꼽혀요. 이곳에서는 맨틀의 뜨거운 암석들이 해저와 가까워지면서 풍부한 광물을 함유한 과열된 바닷물(열수)이 갈라진 틈으로 빠져나와 바다로 흘러들어 가요. 이를 열수구라고 해요. 태양 에너지의 혜택을 전혀 받지 못하는 생물들이 이 열수구를 이용해서 살아요. 열수구는 많은 진기한 생명체들에게 든든한 터전이 되어 주지요. 열수구 주변에 서식하는 생물체 수는 주변 해저보다 1만 배에서 10만 배나 더 많아요. 몸길이가 2m에 이르는 벌레, 헤아릴 수 없이 많은 새우, 팔뚝만 한 조개들이 이곳 생태계의 지배자랍니다.

심연

심해층 아래는 심연이에요. 심연은 수심 3,000m에서 6,000m까지 뻗어 있어요. 심연의 영어 이름인 abyss(어비스)는 그리스어로 '바닥이 없다'라는 뜻이에요. 그런데 실제로 심연이 바다의 밑바닥은 아니에요. 그 아래로 해구가 훨씬 더 깊은 곳까지 뻗어 있거든요. 심연은 전체 바다의 80% 이상, 전체 지구의 60%를 차지해요. 기온은 0℃를 조금 웃도는 정도이지요.

고래 사체와 침몰선

죽은 고래와 침몰한 배는 심해에서 특유의 서식지를 만들어 내요. 죽어서 깊은 바다로 가라앉은 고래들은 수십 년에 걸쳐 온 생태계를 먹여 살려요. 고래 사체 위나 그 주변에서만 찾아볼 수 있는 생물들도 있어요. 고래 사체처럼 배들도 가라앉는데, 해저에 가라앉은 난파선의 수만 해도 약 300만 척에 달해요. 1971년부터 1990년 사이에만 2일에 한 척꼴로 침몰된 것으로 추정돼요. 고래 사체와 마찬가지로 침몰선도 심해 생명체들의 삶의 터전이에요. 하지만 침몰선 위에서 사는 생물들은 고래 사체를 먹고 사는 생물들과는 그 종류가 다르답니다.

해구

대양의 가장 깊은 부분은 해구예요. 대양의 해저에서 발견되는 도랑 모양으로 길게 움푹 들어간 곳으로, 그중에서도 가장 깊은 곳은 마리아나 해구예요. 마리아나 해구의 가장 깊은 지점 중 하나인 챌린저 해연(Challenger Deep)은 수심이 1만 893m에 달해요. 해구는 해수면보다 수압이 1천 배나 더 크며, 기온은 영하에 가깝고, 칠흑같이 새까매요. 해구에 사는 생물은 드물어요. 살기엔 너무 힘든 곳이지요.

깊은 바다에는 생명체가 없다고?

지금으로부터 2,000년도 전에 로마의 박물학자 플리니우스는 심해에는 생명체가 전혀 없다고 여겼어요. 역사적으로 이곳을 죽음의 지대라고 믿는 이들이 많았지요. 그런데 1872년에 과학자들이 해저 탐사를 떠났고, 이전까지 알려진 적이 없는 4,000종 이상의 새로운 해양 생물을 발견했어요! 당시 과학자들은 4년이 넘는 기간 동안 13만 km를 항해했으며, 가장 깊은 해구에서도 가장 깊은 곳 중 하나인 챌린저 해연을 발견하기도 했답니다!

과학자들도 심해 생물은 만나기 힘들어요

심해로 내려가 본 사람은 극소수라서 그 경이로움을 전해 줄 목격담을 듣기가 힘들어요. 우리가 아는 사실들은 대부분 잠수 로봇에 장착된 카메라로 촬영한 것이거나, 과학자들이 연구를 위해 준설기(물속의 밑바닥을 파내는 데 쓰는 기계)와 저인망으로 훑어 올린, 죽었거나 죽어 가는 생물들을 통해 확인한 것이에요.

밀착 취재

여러분, 차세대 심해 탐험가가 되어 볼래요?

최초의 심해 잠수

세계 최초로 깊은 바닷속으로 들어간 사람은 윌리엄 비비(William Beebe)예요. 1920년대 후반에 그는 배시스피어호라는 쇠공 모양의 잠수구를 만들었어요. 배시스피어호는 지름이 1.4m밖에 안 돼서 좁은 해치를 두 사람이 비집고 들어가 빗장을 채워 문을 잠갔고, 연결된 줄에 의해 바닷속으로 내려졌어요. 1930년에 역사상 최초로 바닷속을 탐사한다는 것은 정말 무서운 일이었을 거예요! 하지만 겁먹고 물러날 그가 아니었어요. 1930년과 1934년 사이, 비비와 그의 팀은 몇 차례에 걸쳐 배시스피어호에 올랐고, 버뮤다 인근 난서치 섬의 깊은 바다를 탐사했어요. 그들이 들어간 최고 깊이는 수심 923m였답니다.

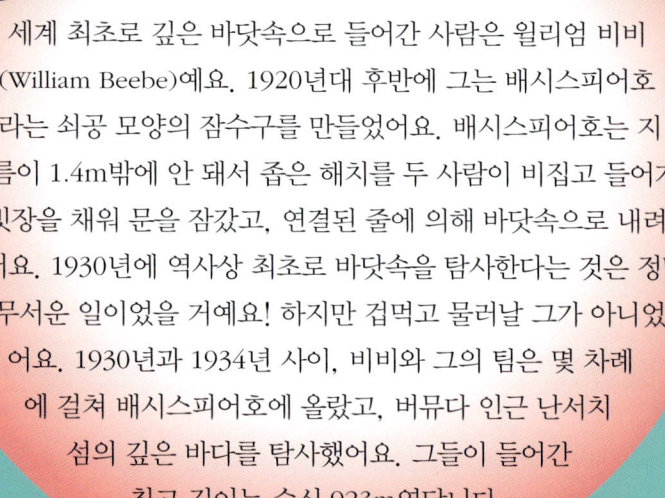

글로리아 홀리스터(Gloria Hollister) 최초의 여성 심해 탐험가

1930년 6월 11일, 윌리엄 비비의 조수 중 한 명이었던 글로리아 홀리스터는 배시스피어호를 타고 수심 120m까지 내려갔어요. 그날은 홀리스터의 서른 살 생일이었는데, 여성으로서는 가장 깊이 내려간 기록을 세웠지요! 홀리스터는 물고기의 피부와 근육을 투명하게 만들어 골격만 드러나게 해 주는 새로운 처치법을 개발해 과학자들의 연구에 도움을 주기도 했어요.

• 저인망: 바다 밑바닥으로 끌고 다니면서 깊은 바닷속의 물고기를 잡는 그물.

빅터 베스코보(Victor Vescovo) 해저 탐험가

해저 탐험가 빅터 베스코보는 가장 깊은 잠수 기록 보유자예요. 마리아나 해구(세계에서 가장 깊은 해구)의 수심 1만 927m 지점에 도달했지요! 그런데 안타깝게도 그곳에서 생각지도 못한 광경을 맞닥뜨렸어요. 지구에서 가장 외진 바다 밑바닥에서 휴식을 취하던 중 플라스틱 조각을 발견한 거예요. 이제 우리는 수백만 톤의 플라스틱 쓰레기가 결국 어디로 가는지 알게 되었지요. 그렇다고 이 슬픈 발견 때문에 심해에서의 특별한 순간을 망치긴 싫었어요. 대신, 그는 가장 행복하고도 평화로운 순간을 보냈어요. 잠수함이 지구에서 가장 깊은 곳을 떠다니는 사이, 편안히 앉아 창밖을 내다보며 샌드위치를 즐겼답니다.

심해의 미스터리

심해는 지도화된 곳이 채 1%도 되지 않고 그곳에 사는 생명체들도 대부분은 미지의 상태로 남아 있어요. 과학자들은 태평양 제도 주변의 심해에서 촬영된 900시간짜리 영상을 조사해 보았어요. 아주 작은 벌레부터 트럭만 한 상어까지 34만 7,000마리의 심해 생물이 포착되었지요. 하지만 카메라에 찍힌 생물 중 확인 가능한 생물은 5분의 1도 안 되었답니다!

달에 가 본 사람이 더 많을까, 해저에 가 본 사람이 더 많을까?

제임스 캐머런(James Cameron) 그리고 디프시챌린저호

과학자들만 심해를 탐험하는 것은 아니에요. 열정과 모험심, 그리고 탐험할 돈만 있으면 누구나 가능하지요. 영화감독들도요! 캐나다의 영화감독 제임스 캐머런은 2012년 3월 26일, 7.3m 길이의 잠수정을 조종해 지구상에서 가장 깊은 곳 중 하나인 챌린저 해연으로 향했어요. 잠수정의 이름은 디프시챌린저호로, 심해의 강한 수압을 견딜 수 있는 매우 특수한 물질로 제작되었어요. 오스트레일리아 시드니에서 만들어진 이 잠수정은 과학적인 시료 채취 장비와 카메라가 실려 있었고, 수면에서 바닥까지 내려가는 데 2시간 36분이 걸렸답니다.

믿거나 말거나 달에 다녀온 사람이 더 많아요! 달 위를 걸은 12명은 닐 암스트롱, 버즈 올드린, 피트 콘래드, 앨런 빈, 앨런 셰퍼드 주니어, 에드거 미첼, 데이비드 스콧, 제임스 어윈, 존 영, 찰스 듀크, 유진 서넌, 해리슨 슈미트예요. 바다의 가장 깊은 곳으로 내려갔다가 살아서 그 이야기를 전해 준 8명은 자크 피카르, 돈 월시, 제임스 캐머런, 빅터 베스코보, 패트릭 레이, 요나탄 스트루베, 존 램지, 앨런 제이미슨 박사예요. 여러분이 아홉 번째 심해 탐험가가 되어 볼래요?

밀착 취재

중간층

지구의 대양은 너무나 커다랗고 깊어서 따분하게만 보일지도 몰라요. 하지만 전혀 그렇지 않아요! 육지와 마찬가지로 대양은 해역마다 환경이 아주 다양해요. 따뜻하고 얕은 해안에서 거대한 해저 산맥과 깊디깊은 해구까지. 대양은 지구 한쪽에서 다른 쪽으로뿐만 아니라 위에서 아래로도 변해요. 대양 속 생물들은 세계의 한 해역이든, 대양의 한 수층이든 하나의 특정한 환경에 살게끔 맞춰진 경우가 많아요.

유람선을 타 본 적 있나요? 배를 타고 바다로 나가 본 적은요? 나는 전 세계를 다니며 배를 많이 타 봤어요. 물이 맑고 햇빛이 바다 밑까지 내리비치는 곳이라면 해저 산맥과 협곡의 놀라운 풍경을 볼 수 있어요. 앞으로 유람선을 타면 배 아래 몇 킬로미터 밑에는 무엇이 있을지, 또 바다 밑바닥에서 보면 여러분이 탄 배는 어떤 모습일지 한번 상상해 보세요!

중간층(약광층)은 수심 200m에서 1,000m에 이르는, 심해의 첫 번째 수층이에요. 수온이 4℃에서 20℃까지 다양해서 부분적으로는 차갑게 느껴질 수 있어요. 이곳에도 빛은 있지만, 해수면에 존재하는 빛의 극히 일부분일 뿐이에요. 채 1%도 되지 않지요. 그래서 중간층에는 눈이 아주 큰 동물들이 많이 살아요. 대왕고래보다 몸이 긴 동물들도 있고, 눈이 접시만 한 동물들도 있어요. 학계에 알려진 가장 특이한 상어들도 눈에 띄지요. 동굴 같은 거대한 입, 마귀할멈 같은 코, 뱀처럼 긴 몸뚱이가 특징인 상어들 말이에요.

중간층은 생명이 풍부해요. 이곳에 서식하는 물고기가 다른 모든 수층에 사는 물고기보다 많다고 추정하는 과학자들도 있어요. 그중에 길이가 몇 센티미터에 불과한 앨퉁이가 있어요. 다른 어떤 종의 물고기나 조류나 포유류보다 그 수가 많아요. 이곳에는 1,000조 마리에 이르는 앨퉁이들이 살고 있답니다! 중간층에 서식하는 무수한 생물들은 생명체가 그리 풍부하지 못한 그 아래 수층에 사는 동물들의 삶을 든든히 지탱해 주는 역할을 해요. 동물의 사체나 해수면 가까이에 사는 동물들의 배설물이 바다 밑으로 눈처럼 내려 깊은 바다에 사는 생물들의 먹이가 되는데, 이를 바다눈(Marine Snow)이라고 해요. 과연 이 깊은 바닷속의 주인공들은 누구일까요?

함께 알아봐요!

털아귀 (Hairy Seadevil)

CAULOPHRYNE POLYNEMA

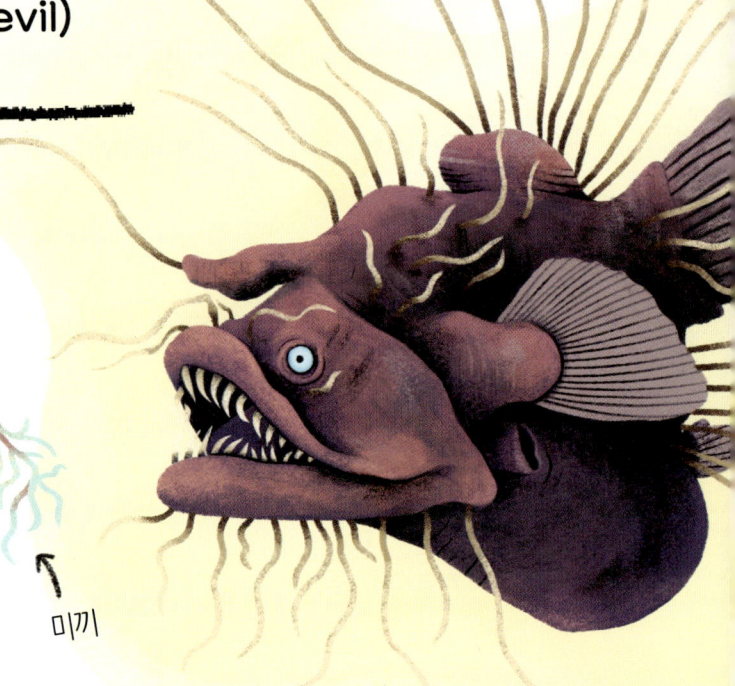

미끼

털아귀 얼굴은 시무룩해 보여요. 천천히 헤엄을 치며 다니는데, 큰 지느러미가 썩어 없어지다시피 해서 반송장처럼 보이지요. 지저분한 긴 털들이 시커먼 몸에 나 있고, 불룩한 배는 아래로 축 처져 있어요. 이 괴상한 물고기는 수심 1,250m까지의 전 세계 바다에서 볼 수 있어요.

중간층

간식 시간이야!

털아귀는 아귀의 한 종류이지만, 대부분의 아귀들과는 달리 먹이를 유인하는 데 쓰는 반짝이는 미끼가 없어요. **털아귀의 미끼 끝에는 털만 무성하지요!** 지저분한 털 뭉치로 먹이를 포함해 무엇이든 가까이 다가왔을 때 일어나는 주변 수압의 변화를 감지할 수 있어요. 덕분에 차갑고 어두운 깊은 바닷속에서 아무것도 모르는 동물이 헤엄쳐 오다가 맛있는 간식이 되어 주길 기다린답니다!

제법 꾀가 많네!

죽자 사자 매달리다

암컷 **털아귀**는 길이가 14cm예요. 1.6cm인 수컷와 비교하면 아주 크지요. 둘은 서로 다른 종처럼 보이는 데다 사는 방식도 대조적이에요. 암컷은 다른 물고기들처럼 자유롭게 헤엄을 치고 스스로 먹이를 찾아다녀요. 반면 왜소한 수컷들은 자유롭게 살 마음이 없어요. 암컷을 발견하면 꽉 물고 놓아주지 않지요! 수컷의 얼굴이 암컷의 피부 속으로 녹아들면서 두 아귀는 하나가 돼요. 수컷은 암컷에게 붙어살면서 암컷의 몸에서 영양분을 공급받아요. 이를 '기생 수컷'이라고 해요.

바늘방석아귀
(Pincushion Seadevil)

NEOCERATIAS SPINIFER

바늘방석아귀는 '바늘수염'이라고도 알려져 있어요. 몸뚱이가 길고 얼굴에는 가느다란 이빨들이 제멋대로 튀어나와 있어요. 그런 이빨로 먹이를 먹는 일이 쉽지는 않을 텐데, 과학자들도 어떻게 먹는지는 잘 몰라요! 암컷은 몸길이가 11cm 정도예요. 수컷은 암컷보다 훨씬 작고 암컷의 몸에 붙어살아요. 역시 기생 수컷이지요.

큰붉은해파리
(Big Red Jellyfish)

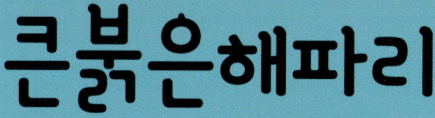

TIBURONIA GRANROJO

지름이 1m 정도 되는 **큰붉은해파리**는 캘리포니아 해안에서 처음으로 발견되었어요. 이후 하와이 근해에서도 발견되었지요. 수심 50m에서 1,500m 사이의 바다에 서식하며, 수중 카메라로 맨 처음 목격되었어요. 카메라를 향해 다가오는 모습이 마치 육지로 내려앉는 크고 붉은 우주선을 보는 것 같았다고 해요.

궁금한 게 너무 많아요

과학자들은 지금도 큰붉은해파리에 대해 아는 사실이 거의 없어요. 무엇을 어떻게 먹고 살까? 포식자는 있을까? 번식은 어떻게 할까? 어쩌면 여러분이 그 답을 알아낼 주인공이 되지 않을까요?

수심 200m에서 1000m

난 촉수가 없어

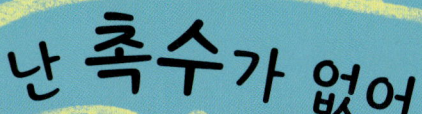

큰붉은해파리는 촉수가 없다는 점에서 다른 해파리들과는 달라요. 촉수가 없는 해파리는 몇 종밖에 없는데, 그중에는 치명적인 독소를 지닌 **이루칸지해파리**와 해저에 거꾸로 앉아 있는 **카시오페아해파리**가 있어요! 큰붉은해파리는 두툼한 구완(입 주위에 팔 모양으로 길게 드리워져 있는 것)으로 촉수를 대신해요. 해파리의 갓 가장자리를 따라 매달린 촉수와 달리, 큰붉은해파리의 구완은 갓 안쪽에 달려 있어요. 먹이를 잡아 입으로 가져가는 데 쓰이지요. 해파리는 보통 구완이 4개인데, 큰붉은해파리는 특이하게도 4~7개랍니다!

팔이 많군!

채찍용물고기 (Whip Dragonfish)

GRAMMATOSTOMIAS FLAGELLIBARBA

중간층에는 많은 채찍용물고기가 도사리고 있어요. 무시무시한 포식자인 **채찍용물고기**는 몸길이가 20cm도 되지 않지만, 생김새는 정말 오싹해요. 길고 검은 몸뚱이에 이빨이 아주 크지요. 수심 1,500m에서 볼 수 있으며, 멕시코만과 대서양에 서식해요.

채찍용물고기는 턱에 아주 긴 '줄'이 있는데, 끝부분에 작은 보라색 전구가 달려 있어요. 채찍처럼 생긴 이 줄은 수염이라고 불리며, 길이가 무려 1.5m에 달해요. 수염은 발광기라고 불리는 특별한 기관의 도움으로 빛을 내는데, 이 작은 전구는 춤도 춘답니다! 앞뒤로 획획 움직이기도 하고 반짝반짝 켰다 껐다 할 수도 있지요. 이러한 재주는 보기에는 좋지만, 사실 목적은 따로 있어요. 사방에서 먹잇감을 유인하려는 거지요. 그런데 입과 발광기의 거리가 꽤 멀어서 먹이를 어떻게 입으로 가져가 먹는지는 과학자들도 잘 몰라요. 채찍용물고기는 몸에서도 불빛이 번쩍여요.

전구 춤을 춰요!

↑ 발광기

우아, 춤 잘 춘다!

중간층

먹이를 숨겨라

채찍용물고기의 먹이 중에는 몸에서 빛을 내는 것들이 많아서 먹힌 뒤에도 계속 빛이 나는 경우가 있어요! 그래서 먹이를 삼켜도 주의를 끌지 않도록 채찍용물고기의 위장은 아주 까매요. 채찍용물고기도 포식자에게서 몸을 숨겨야 하거든요. 잘못하다가는 다른 누군가의 밥이 되고 말 테니까요!

투명 이빨

과학자들이 현미경으로 **용물고기** 한 종의 이빨을 연구해 봤더니 이빨이 아주 작은 수정으로 이루어져 있었어요. 이 수정 이빨은 투명하면서도 매우 튼튼하게 배열이 되어 있어요. **피라냐**나, 심지어 **백상아리**의 이빨보다도 단단한 것으로 밝혀졌지요! 이 공포의 사냥꾼이 바다 깊이 몸을 숨기고, 어둠 속으로 사라질 수 있는 건 다 이 투명 이빨 덕분인 것 같아요.

은상어 (Rabbit-Fish)
CHIMAERA MONSTROSA

토끼와 닮았다고 해서 **래빗피시**라는 이름으로도 불리지만 애완동물은 아니에요. 상어와 가오리와 친척인 연골어류이지요. 두 눈이 크고, 주둥이가 토끼와 비슷하게 생겼어요. 채찍 같은 꼬리가 달려 있고, 몸길이는 1.5m까지 자라요. 동대서양에서 자주 발견돼요. 수심 40m에서 1,600m 깊이에 서식하며, 몸 양옆에 달린 커다란 지느러미를 움직여 바다 밑바닥을 미끄러지듯 나아가요. 주로 해저에 머물면서 먹이인 무척추동물을 찾아다녀요. 대부분의 다른 물고기들과 달리 이빨이 없어요. 대신 먹이의 단단한 부분을 부수고 가는 데 사용하는 치판이 3줄 있지요.

아야!

은상어의 등지느러미 끝에 튀어나온 것은 매우 큰 가시예요. 독성이 있어서 가까이 접근하는 포식자에게 상처를 입힐 수 있어요.

수심 200m에서 1000m

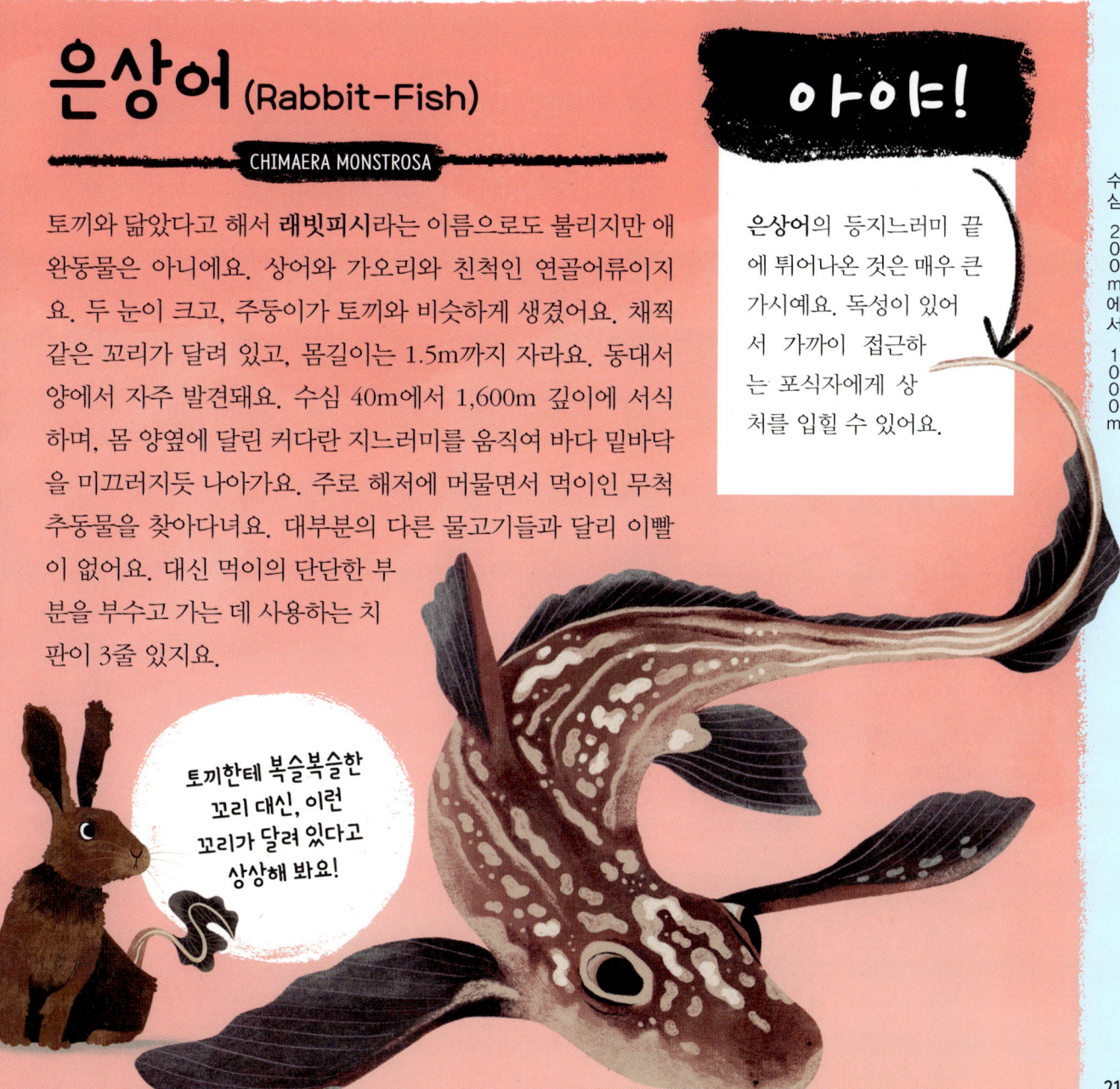

토끼한테 복슬복슬한 꼬리 대신, 이런 꼬리가 달려 있다고 상상해 봐요!

도요새장어 (Slender Snipe Eel)

NEMICHTHYS SCOLOPACEUS

실처럼 가느다란 몸 때문에 '실고기'라는 이름으로도 알려져 있어요. 주둥이가 마치 도요새의 부리처럼 가늘고 길어요. 양쪽 턱 끝이 밖으로 휘어서 입을 다물고 있어도 맞물리지 않아요. **도요새장어**는 전 세계 바다에서 볼 수 있으며, 수심 400m에서 1,000m 깊이를 좋아해요. 4,000m에서도 발견된 적이 있어요.

매끈한 몸매의 도요새장어는 길이가 130cm에 이르지만 몸무게는 1kg도 안 돼요.

가장 긴 척추

도요새장어는 지구상에서 가장 척추뼈가 많은 동물이에요. 무려 740개가 넘지요! 척추뼈는 척추를 구성하는 작은 뼈들을 말해요. 인간은 33개밖에 없어요.

더듬이 잡는 이빨!

이빨의 모양은 동물에 따라 달라요. 동물마다 먹는 게 다르니까요. **도요새장어**는 턱에 아주 작은 이빨들이 촘촘하게 나 있어요. 갈고리 모양이라 먹잇감을 잘 붙잡지요. 가장 좋아하는 먹이는 작은 심해 새우예요. 새우가 헤엄쳐 지나갈 때 더듬이가 도요새장어의 이빨에 걸려요. 영리한 도요새장어는 맛있는 식사를 기대하며 입을 벌리고서 천천히 헤엄을 친답니다!

내 틀니 어딨지?

수컷 **도요새장어**는 나이가 들면 이빨이 다 빠지고 턱이 짧아져요. 암컷들은 그렇지 않아요. 그래서 과학자들은 처음엔 서로 다른 종인 줄 알았어요. 나이 든 수컷들은 짝짓기에 에너지를 모두 소모해서 이빨이 빠지고 턱이 짧아지는 것 같아요. 사실, 수컷들은 먹는 것보다 짝짓기에 더 관심이 많답니다!

수심 200m에서 1000m

난 이제 끝났어!

도요새장어는 번식을 할 때 암컷은 난자를, 수컷은 정자를 물속으로 방출해요. 이를 '방란', '방정'이라고 해요. 난자와 정자는 드넓은 바다에서 짝을 찾아야 하는데, 다 성공하는 건 아니에요.(인간의 생식 방법인 체내 수정만큼 확실한 방법은 아니니까요!) 수정에 성공한 난자는 새끼를 부화할 준비가 될 때까지 바다 위를 떠다녀요. 갓 부화한 새끼는 꼭 작은 나뭇잎처럼 보여요! 번식의 모든 과정에는 엄청난 수고가 따라요. 짝짓기의 기회는 단 한 번 뿐이고, 짝짓기가 끝나면 너무 지쳐서 죽는다고 해요.

목구멍 위에 엉덩이?

도요새장어의 엉덩이는 우리가 생각하는 곳에 있지 않아요. 목구멍 바로 위쪽에 있지요! 내장이 몸을 따라 아래로 뻗었다가 다시 엉덩이를 향해 구부러져 올라와요. 도요새장어가 아니라서 얼마나 다행인지 몰라요. 입 옆에서 똥을 싼다니!

웩!

실꼬리고기
(Eel Tube-Eye)

STYLEPHORUS CHORDATUS

실꼬리고기는 마치 쌍안경을 쓴 스파게티 가닥처럼 생겼어요! 28cm 정도 되는 긴 몸의 끝에는 몸길이의 3배나 되는 매우 긴 꼬리지느러미가 달렸지요. 대서양과 동태평양의 수심 800m 열대 및 아열대 수역에서 서식해요. 요각류라고 불리는 작은 갑각류를 먹기 위해 밤이면 해수면으로 올라와요.

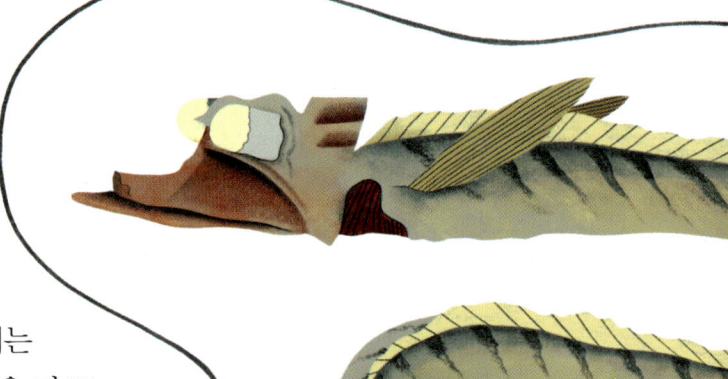

중간층

으악, 발려 들어간다!

🔍 밀착 취재
지구상에서 가장 위대한 이동

실꼬리고기를 포함한 매우 다양한 생물들이 매일같이 중간층에서 해수면으로 올라와요. 이러한 사실은 제2차 세계 대전 당시 미 해군이 수중 음파 탐지기를 이용해 적군의 잠수함을 찾던 중에 처음으로 발견되었어요. 처음에는 밤이 되자 수심 500m 부근에서 바다 밑바닥이 수면으로 떠오르는 줄 알았다고 해요. 알고 보니 해저가 아닌, 중간층에 사는 수십억 개의 생명체들이었지요! 플랑크톤에서 물고기, 해파리, 오징어에 이르는 많은 생물들이 먹이를 찾기에 안전한 밤이 되면 수면으로 이동을 해요. 반면, 주로 해수면에서 시간을 보내는 고래, 참치, 상어, 황새치는 먹이를 찾아 중간층으로 내려간답니다.

실꼬리고기는 머리보다 몸을 더 높이 올리고 먹잇감을 기다려요. 마치 무시무시한 뱀처럼요. 머리를 위로 향하고 있어서 올려다보며 먹이를 찾을 수 있지요. 먹이를 발견하면, 입이 본래 크기의 최대 38배까지 커져요! 그것도 순식간에요! 입이 커지면서 입 속으로 물이 빠르게 흘러들어 와요. 물살에 휘말린 작은 갑각류를 후루룩 삼켜 버리지요!

넌 누구니?

실꼬리고기는 1798년 영국의 생물학자 조지 쇼(George Shaw)가 처음 발견했어요. 생김새가 너무 특이해서 하마터면 개구리나 도롱뇽 같은 양서류의 일종으로 결정할 뻔했답니다! 조지 쇼가 발견한 실꼬리고기는 100년이 넘도록 과학자들이 연구할 수 있는 유일한 물고기였어요. 1908년이 되어서야 다른 실꼬리고기를 찾아냈으니까요.

쌍안경 같은 눈

실꼬리고기의 눈은 아주 섬세한 쌍안경 같아요. 무척 어두운 곳에서도 모든 색을 볼 수 있지만, 파란색이나 초록색 빛에 유독 민감해요. 먹이를 찾거나 짝을 유혹하려고 푸른빛을 내는 물고기가 많으니 먹잇감이나 포식자를 발견하는 데 유용하겠죠?

블로브피시
(Blobfish)

PSYCHROLUTES MARCIDUS

한때 세계에서 가장 못생긴 동물로 불렸던 이 물고기는 미인 대회 우승은 꿈도 못 꿀 거예요. 둥글넓적한 머리는 지름이 38cm에 달해요. **블로브피시**는 모두 30종인데, 첫 번째 종은 150년 전에 발견되었어요. 지금까지 전부 수심 600m에서 1,200m 사이의 남부 오스트레일리아 앞바다에서 발견된 블로브피시는 심해의 해저를 둥둥 떠다니는 기회 섭식자예요. 작은 생물을 만나는 대로 먹어 치운다는 뜻이지요.

다 수압 때문이야

블로브피시는 물 밖으로 나오면 형태가 없는 젤리처럼 보여요. 그런데 서식지인 심해에서는 우리가 아는 그 모습이 아니에요. 심해는 수압이 훨씬 높아서 몸이 압축되거든요. 물 밖으로 나오면 몸을 구성하는 젤리 같은 물질들이 퍼지면서 몸이 커지지만, 바다 밑바닥으로 가면 다른 물고기들과 생김새가 비슷해진답니다.

안녕, 덩어리 씨!

'덩어리 씨'는 2003년 뉴질랜드 앞바다에서 과학자들이 배로 건져 올리면서 얻게 된 별명이에요. 수면으로 올라왔을 때 형체 없이 덩어리진 모습을 보고 깜짝 놀랐거든요!

수심 200m에서 1000m

넓은주둥이상어 (Megamouth)
MEGACHASMA PELAGIOS

이 우스꽝스럽게 생긴 상어는 거대한 크기에도 불구하고 1979년에야 발견되었어요! 눈에 잘 띄지 않아서 과학자들이 지금까지 기록한 목격담은 모두 69건이에요. **넓은주둥이상어**는 세계에서 가장 큰 상어 중 하나로, 몸무게는 최대 1,200kg에 몸길이는 5.5m에 달해요. 머리는 크고 둥글 납작하고 코는 뭉툭해요. 수심 100m에서 1,000m 깊이의 전 세계 바다에서 볼 수 있답니다.

깊은 바닷속에서는 아무리 **거대한** 동물도 발견되기가 쉽지 않아요!

중간층

작은 먹이와는 어울리지 않는 **커다란 입**

이유식이 필요 없네
넓은주둥이상어는 새끼를 낳아요. 새끼들은 태어나자마자 스스로 여과 섭식을 할 수 있어요.

넓은주둥이상어는 커다란 입을 쩍 벌리고 헤엄쳐 다녀요. 그렇다고 겁낼 건 없어요. 우리를 통째로 삼킬 일은 없으니까요! 길고 연한 몸뚱이에 넓은 앞지느러미가 달렸는데, 이빨은 아주 작아요. 대량의 바닷물을 걸러 배를 채울 작은 생물들을 찾아 먹는 여과 섭식자예요. 이런 식으로 먹이를 찾는 상어는 고래상어와 돌묵상어와 넓은주둥이상어, 이렇게 3종뿐이에요.

넓은주둥이상어는 밤에는 크릴새우(작은 새우) 떼와 해파리 무리를 따라 수면으로 올라왔다가 낮이 되면 깊이 잠수해요. 입 안에는 군데군데 빛나는 반점이 있는데, 이 반점으로 먹잇감을 유혹하지요.

신기해!

어디에 가면 볼 수 있을까?

1988년 서부 오스트레일리아의 맨두라 해변에 **넓은주둥이상어** 한 마리가 떠밀려 왔어요. 웨스턴오스트레일리아주 해양박물관의 거대한 수족관에는 그 아름다운 모습이 그대로 보존되어 있어요. 하와이의 비숍박물관, 로스앤젤레스 자연사박물관, 일본의 도바수족관 등에도 있고요. 그렇지만 박물관에 있다고 다 관람이 가능한 건 아니에요. 출입 금지 구역에 안전하게 보존되어 있기도 하거든요.

밀착 취재

최초의 발견

넓은주둥이상어는 우연히 발견되었어요. 1976년, 미 해군은 하와이 해안에서 적 잠수함을 찾고 있었어요. 군사 작전 중에 특수 장비를 내리기 위한 낙하산 몇 개가 물속으로 들어갔어요. 그런데 낙하산을 당기자, 거대한 넓은주둥이상어 한 마리가 딸려 왔어요. 낙하산 하나를 통째로 삼켰던 거예요! 그런 상어는 처음이어서 하와이의 박물관으로 보냈지요. 안타깝게도 한동안 아무도 이 중요한 발견을 알지 못했어요. 기밀 작전 중에 발견된 까닭에 모든 내용을 비밀에 부쳐야 했거든요! 7년 뒤에야 과학자들은 이 흥미로운 발견을 세상에 보고하고, 새로운 종의 이름을 지을 수 있었어요. 이후에 원양 어선들이 몇 마리를 낚기도 했지요.

수심 200m에서 1000m

마귀상어 (Goblin Shark)

MITSUKURINA OWSTONI

'고블린상어'라고도 불리는 이 기이한 상어는 수심 95m 에서 1,300m 깊이의 전 세계 바다에서 볼 수 있어요.

내가 돌아왔다!

마귀상어는 1억 년 전에 멸종된 것으로 여겨졌지만, 1898년에 살아 있는 상어가 발견되었어요!

이 코의 표면에는 아주 작은 구멍들이 많은데, 로렌치니 기관이라는 특이한 이름을 가지고 있어요. 콧물로 가득 찬 그 구멍들은 먹이인 물고기와 오징어를 찾기 위해 사용하는 특별한 전류 감지 기관이에요.

콧물은 싫어!

중간층

새총 사냥꾼

2008년 일본의 도쿄만에서 과학자들은 녀석이 독특한 방식으로 먹이를 잡아먹는 광경을 촬영하는 데 성공했어요. 사실, **마귀(goblin)상어**는 '걸신(gobbling)상어'라는 이름이 더 잘 어울려요. 무시무시한 턱을 앞으로 쑥 내밀고는 먹이를 걸신들린 듯이 먹어 치우거든요. 턱이 두개골에 달려 있는데, 유연한 연골과 인대로 연결되어 있어서 새총처럼 앞으로 튕겨 나가요! 턱을 그 어떤 상어보다도 빠르게 쭉 내밀지요. 이러한 기술은 빠른 속도로 움직이는 먹이를 잡는 데 유용해요. 또 이빨이 전부 입 안쪽으로 구부러져 있어서 먹잇감이 도망가지 못하게 해 줘요. 헤엄은 느려도, 먹이를 기습 공격하는 재주가 있답니다.

난 이만!

뭉툭코여섯줄아가미상어
(Bluntnose Sixgill Shark)

HEXANCHUS GRISEUS

뭉툭코여섯줄아가미상어는 오늘날의 상어보다 선사 시대 상어와 공통점이 더 많은 상어예요. 티라노사우루스가 이 땅을 배회하기 훨씬 전인 2억 년 전에 살았던 녀석의 조상들과 많이 닮았지요! 상어는 대부분 아가미가 5쌍이지만, 뭉툭코여섯줄아가미상어는 6쌍이에요. 아가미가 6쌍인 상어는 원시 종으로 알려져 있어요. 또 오늘날의 상어는 대부분 등지느러미가 2개인 반면, 이 상어는 1개뿐이에요. 몸길이 5m, 몸무게 500kg에 달하는 녹색 눈의 대형 상어랍니다. 수심 20m에서 2,500m 깊이의 전 세계 열대 및 온대 바다에서 서식해요.

수심 200m에서 1000m

형제자매가 몇이라고?

상어는 새끼를 낳아요. **뭉툭코여섯줄아가미상어**는 한 번에 새끼를 40마리에서 110마리까지 낳는데, 새끼의 몸길이가 최대 75cm에 달해요. 형제자매가 그렇게 많다니 놀랍지요!

🔍 밀착 취재

상어 꼬리표

뭉툭코여섯줄아가미상어는 알려진 사실이 많지 않아요. 2019년, 더 많은 정보를 얻기 위해 과학자들이 잠수함을 타고 깊은 바다로 내려갔어요. 상어가 미끼를 물기를 바라며 끈기 있게 기다렸지요. 그리고 마침내 뭉툭코여섯줄아가미상어가 나타나자, 수컷의 지느러미에 꼬리표를 달았어요. 꼬리표는 약 3개월 동안 달려 있게 되는데, 이를 통해 갖가지 정보를 얻을 수 있어요. 꼬리표를 회수하면 상어가 얼마나 깊이 헤엄쳤는지, 물이 얼마나 환하고 차가운지도 알 수 있지요. 꼬리표가 알려 줄 정보가 정말 기대되지 않나요?

주름상어 (Frilled Shark)

CHLAMYDOSELACHUS ANGUINEUS

주름상어는 좀처럼 사람 눈에 띄지 않아요. 대서양과 태평양의 수심 50m에서 1,200m 깊이의 바닷속에 서식하는 상어로 알려져 있어요. 사촌뻘인 **뭉툭코여섯줄아가미상어**와 마찬가지로 아가미가 6쌍인 원시 상어예요. 주름상어는 그 생김새가 수백만 년 동안 거의 변함이 없었어요. 그 이유는 과학자들도 잘 알지 못해요. 깊은 바다의 서식 환경이 매우 안정적이어서거나, 다른 동물들과의 먹이 경쟁이 크지 않아서일 수도 있어요. 굳이 바꿀 필요가 없는데 왜 바꾸겠어요?

불쌍한 꼬리

꼬리를 잃은 **주름상어** 몇 마리가 목격된 적이 있는데, 아마도 다른 종류의 상어에게 물어뜯겼을 거라고 짐작해요.

아프겠다!

← 몸길이가 최대 2m에 달해요!

주름진 아가미가 달린, 이 가늘고 긴 생물은 상어보다는 잘 꾸민 뱀장어와 더 비슷해요.

중간층

아주 긴 임신 기간

동물이 몸속에서 새끼를 기르는 시간을 임신 기간이라고 해요. 인간은 아기가 태어나기까지 보통 9개월이 걸리고, **코끼리**는 22개월이 걸려요. 그런데 깊은 바다에서는 생명이 천천히 움직여요. 과학자들은 **주름상어**의 임신 기간을 42개월로 추정해요.

새로운 영법

주름상어는 가장 느린 상어 가운데 하나예요. 뱀한테서 수영을 배웠나 봐요! 물속을 맴돌지 않을 때는 마치 바다뱀처럼 몸을 좌우로 구부리며 매우 유별난 방식으로 헤엄을 쳐요.

이빨이 아주 많아요!

이 미끌미끌한 상어는 보통 주둥이 밑에 입이 있는 다른 상어들과는 달리, 입이 주둥이 끝에 있어요. 입 안에는 300개의 이빨이 25열로 줄지어 나 있는데 전부 안쪽을 향해 구부러져 있어요. 한번 잡히면 빠져나갈 길이 없답니다.

한입에 꿀꺽

꺼억, 잘 먹었다!

주름상어는 심해의 은밀한 대식가랍니다!

먹이를 잡아먹는 광경을 본 사람이 아무도 없어서 어떻게 먹이를 먹는지는 알지 못해요. 뭘 먹고 사는지 알아낼 한 가지 방법은 **주름상어**의 배 속을 보는 거죠. 주름상어의 배 속에서 오징어와 물고기와 다른 상어들이 발견되었는데 모두 온전한 상태였어요. 다시 말해, 이 비밀스러운 녀석들은 먹이를 통째로 삼킨다는 뜻이지요.

수심 200m에서 1000m

대왕오징어 (Giant Squid)

ARCHITEUTHIS DUX

머나먼 바다에서 **대왕오징어**가 배를 침몰시키는 바람에 구조를 기다려야 했던 선원들의 이야기는 예로부터 많이 전해져 왔어요. 이제는 바다의 식인 괴물로 여겨지지 않지만, 그 느낌만은 여전히 강렬해요. 몸길이가 13m에 달하며, 수심 400m에서 800m 사이의 전 세계 깊은 바다에서 잡히고 있답니다.

먹이를 잡는 촉완

심해의 어뢰

대왕오징어는 아주 큰 어뢰처럼 생겼어요. 근육이 많지 않고, 외투막이라고 불리는 몸에는 작은 지느러미 2개가 달려 있지요. 이런 점들을 볼 때 아마도 아주 빠르게 헤엄치지는 못할 거예요.

중간층

대장 오징어

학명인 **아르키테우티스 둑스**(Architeuthis dux)는 대장 오징어라는 뜻이에요.

기회는 한 번뿐!

일생에 단 한 번, 번식을 한다고 알려져 있어요.

대왕오징어 눈 하나의 지름이 30cm에 달해요. 사람의 머리만 한 크기랍니다!

무시무시한 촉완

외투막 아래로는 8개의 긴 다리와 그보다 더 긴 2개의 촉완이 있어요. 촉완은 몸길이의 3분의 2에 해당할 정도로 길지요. 끝에 1m 길이의 촉수가 달려 있다는 점에서 다른 8개의 다리와는 달라요. 촉수에는 치명적인 빨판이 수백 개나 있어서 먹이를 잡는 데 유용해요. 대왕오징어는 촉완을 사용해 10m 이상 떨어진 먹이를 잡을 수 있어요. 먹이를 잡으면 나머지 8개의 다리를 움직여 입으로 가져가요.

대왕오징어는 얼마나 오래 살까?

과학자들은 평형석이라고 불리는 특별한 부위의 성장 고리 개수를 세어 오징어의 나이를 알아내요. 오징어는 뇌 밑바닥에 낟알만 한 단단한 평형석 2개가 있어요. 평형석을 이용해 균형을 잡고 위아래를 구분하지요. 놀랍게도, **대왕오징어**는 길어야 5년까지 사는 것으로 밝혀졌어요. 5년 안에 그렇게 거대한 크기가 된다니 말도 안 되게 빠른 속도로 자라는 거죠! 그러니 대체 얼마나 먹어야 겠어요!

대왕오징어의 역사

역사를 통틀어 **대왕오징어**를 보았다는 기록들은 곳곳에 남아 있어요. 가장 이른 시기로는 2,000년 전에 살았던 로마의 박물학자 플리니우스가 쓴 글이 있어요. 몽둥이 같은 큰 촉완이 달린 300kg짜리 짐승을 보았다고 적혀 있답니다.

자, 웃으세요!

2004년에 이르러서야 처음으로 살아 있는 **대왕오징어**를 사진에 담아냈어요. 일본 연구진은 카메라 한 대와 미끼를 끼운 갈고리를 수심 900m에 내려놓고 끈기 있게 기다렸어요.
2006년에는 동영상도 촬영했지만, 심해의 서식지에서 대왕오징어를 촬영하기까지는 6년이 더 걸렸어요. 2012년과 2019년에 과학자들은 빛을 내는 미끼를 사용해 비디오카메라로 대왕오징어를 유인했어요. 이때 촬영된 동영상은 온라인에서 찾아볼 수 있답니다!

대왕오징어는 무엇을 먹을까?

서식지에서 **대왕오징어**가 사냥하는 장면을 목격한 사람은 아무도 없어요. 대신 해안으로 밀려온 오징어를 연구하면 좋아하는 먹이를 알 수 있지요. 배 속에서는 가오리, 큰 물고기, 심지어 다른 대왕오징어도 발견되었어요. 촉완이 있던 자리에 거대한 빨판 자국만 남은 대왕오징어 한 마리가 해안에서 발견된 일도 있어요. 이 불쌍한 오징어의 촉완은 몸집이 큰 다른 대왕오징어한테 뜯겨 나가면서 쥐고 있던 먹이와 함께 사라졌을 거예요.

치명적인 부리

대왕오징어는 촉완들 사이에 단단하고 날카로운 부리가 숨겨져 있어요. 부리로 먹이를 잘게 찢어요. 부리만으로는 성에 차지 않는지 부리 속에 치설이라고 불리는 혀와 비슷한 기관도 있어요. 치설에는 작은 이빨들이 빽빽하게 나 있어서 먹이를 아주 잘게 부수는 데 도움이 돼요.

무서워!

수심 200m에서 1000m

흡혈오징어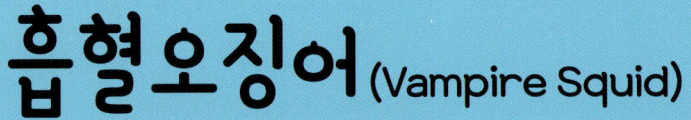

VAMPYROTEUTHIS INFERNALIS

흡혈오징어는 몸길이 30cm에 크기는 축구공만 해요. 이름은 흡혈오징어이지만 흡혈귀도, 오징어도 아니에요! 문어도 아니고요. 매우 이례적인 경우라서 과학자들이 별도의 분류군으로 지정했어요. 몸은 검붉은색이고 귀처럼 생긴 지느러미 2개가 튀어나와 있어요. 신기하게 생긴 8개의 다리는 오리 발처럼 물갈퀴로 연결되어 있어요! 다리 외에 2개의 촉수도 있어요. 주로 수심 600m에서 1,200m 깊이의 전 세계 온대 및 열대 바다에서 발견돼요.

중간층

세계에서 1등

대왕오징어나 초대왕오징어만큼 눈이 크지는 않지만(32쪽, 67쪽 참조), **흡혈오징어**도 1등인 게 있어요. 그건 바로 몸 크기와 견주어 세상에서 가장 큰 눈(2.5cm)을 갖고 있다는 거예요.

신비한 녀석이야···

흡혈오징어는 처음 발견된 지 100년도 넘었지만, 과학자들은 2012년이 되어서야 흡혈오징어가 무엇을 어떻게 먹는지 알아냈어요!

바다눈 (Marine Snow)

바다눈은 해수면에서부터 떠내려오는 입자로 이루어져 있어요. 이 입자들은 죽은 동물의 분해물일 수도 있고, 심지어 배설물일 수도 있어요! **흡혈오징어**는 몸에서 뻗어 나온 가느다란 촉수로 바다눈을 붙잡아요. 이 촉수는 마치 낚싯줄처럼 몸길이의 8배까지 뻗을 수가 있어요. 먼저 촉수를 이용해 바다눈을 그러모아 큰 점액 덩어리로 만든 뒤, 입으로 가져간답니다!

우웩!

파인애플 자세

흡혈오징어는 위협을 느끼면 일명 '파인애플 자세'를 취해요. 몸을 보호하기 위해 물갈퀴로 이어진 다리를 머리 위로 쭉 뻗지요. 흡혈오징어의 다리에는 극모라고 불리는 작은 가시가 줄지어 달려 있는데 삐죽삐죽 튀어나온 모습이 꼭 파인애플처럼 보여요! 온몸이 빛을 내는 기관들로 뒤덮여 있고, 그중에서도 가장 밝은 기관은 다리 끝에 있어요. 마치 폭죽처럼 이 불빛들을 번쩍여서 가까이 다가오는 포식자들을 혼란스럽게 만들지요. 진짜 위험에 처했다고 느끼면, 숨겨 둔 최후의 방어 수단을 이용해요. 밝은색의 끈끈한 점액을 자욱하게 뿜어내 공격자가 놀란 사이에 줄행랑을 치는 거예요.

난 억울해

흡혈오징어의 학명은 '지옥에서 온 흡혈오징어'라는 뜻이에요. 그러니 심해의 사악한 포식자라고 생각한다 해도 할 말이 없지요. 하지만, 이 작은 녀석은 그런 악명과는 거리가 멀어요! 이름과 달리 피를 먹지 않거든요. 오징어나 문어와는 다르게 다른 동물을 해치지 않고 먹이를 구해요. 그 먹이가 바로 바다눈이랍니다.

수심 200m에서 1000m

덤보같이 헤엄치기

어른 **흡혈오징어**는 아기 코끼리 덤보의 큰 귀처럼 생긴 지느러미를 파닥이며 천천히 헤엄쳐요.

보석오징어
(Jewel Squid)

HISTIOTEUTHIS REVERSA

보석오징어는 반짝반짝 아름다운 보석처럼 눈에 확 띄어요. 오징어 중에서는 흔한 종류로, 대서양의 수심 500m에서 2,000m 깊이에서 볼 수 있어요.

짝눈이오징어

오징어가 눈을 가늘게 뜨고서 쳐다본다고요? 그게 아니라, 눈이 짝눈이라서 그래요! **보석오징어**는 짝눈이오징어에 속하는데, 두 눈의 크기가 달라서 붙여진 이름이에요. 큰 눈은 항상 해수면 쪽을 향하면서 포식자를 찾아요. 반대쪽에 있는 작은 눈은 아래쪽에 있는 동물들이 내는 불빛을 감지해 낸답니다.

맛있는 간식

보석오징어는 여러 큰 동물들이 즐겨 찾는 먹이예요. 그래서 향고래나 돌고래, 상어의 배 속에서 많이 나와요.

반짝반짝 보석이 좋아

보석처럼 보이는 것은 사실 '발광포'라고 불리는 오징어의 발광 기관이에요. 암수 **보석오징어** 모두 발광 기관이 있지만, 조금 다르게 보여요. 암컷은 다 자라면 몸이 더 가늘게 길어지고, 다리와 몸에 직접 '보석'을 추가로 장식해요. 보석오징어의 발광 기관은 다른 오징어들보다 특히 더 복잡해요. 크기도 다양하고, 특정한 방향으로 빛을 조준할 수 있도록 특수한 근육뿐만 아니라 반사층도 있거든요. 발광포에는 유색의 눈꺼풀도 달려서 빛의 색깔까지 바꿀 수 있답니다! 보석오징어의 발광 기관은 일부 **아귀**(45쪽 참조)에게 있는 빛을 내는 미끼처럼 먹잇감을 유인하는 데 사용하는 대신, 짝을 유인하거나 포식자들을 혼란스럽게 만들 목적으로 사용하는 것 같아요.

중간층

망원경문어 (Telescope Octopus)

AMPHITRETUS PELAGICUS

중간층에서는 눈이 크면 쓸모가 많아요. 동물이 볼 수 있는 빛을 극대화해 먹잇감을 찾고 포식자를 피하는 데 도움이 되지요. **망원경문어**는 눈이 크지는 않지만, 시각을 넓히는 특별한 기술이 있어요. 눈이 자루에 붙어 있거든요! 심지어 이 눈자루를 움직여서 여러 방향을 자유롭게 볼 수가 있지요. 문어 중에는 망원경문어만 눈이 이런 형태인 것으로 알려져 있어요. 바다 밑바닥을 좋아하는 다른 문어들과 달리, 망원경문어는 해저 수백 미터 위에서 발견되기도 해요.

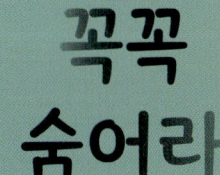

수심 200m에서 1000m

꼭꼭 숨어라

망원경문어는 몸길이가 약 20cm로, 인도양과 태평양의 수심 150m에서 2,500m 깊이에서 발견돼요. 해파리처럼 몸이 투명한 젤라틴으로 이루어져 있어서 내부 기관이 다 보여요! 8개의 다리 사이에는 얇은 물갈퀴가 있어요. 헤엄치면 눈과 위장 말고는 거의 보이질 않아요. 헤엄을 칠 때는 몸을 길게 뻗는데, 먹잇감을 찾는 포식자들을 피해 몸을 숨기는 데 도움이 되지요.

◆ 플래너리 박사님의 탐험 수첩 ◆

심해에서 온 화석 손님

심해 생물체는 화석이 많지 않아요. 워낙 뼈가 많지 않은 데다 심해의 해저는 화석으로 보존되는 일이 드물어요. 그래도 간혹 심해에서 온 손님이 얕은 바다에서 보존되기도 해요. 아이들과 함께한 화석 찾기 여행길에 한 번 발견한 적이 있지요. 오스트레일리아 빅토리아주의 한 절벽 위 바위 속에 숨겨져 있었어요. 5천만 살 된, 축구공만 한 크기의 앵무조개(오징어와 문어의 친척인 바닷조개)였어요. 껍데기를 연구한 과학자들은 그것이 그 주변에 화석으로 보존된 다른 생물들보다 훨씬 더 차가운 물에서 자랐다는 사실을 알아냈어요. 그렇다면 그 앵무조개는 먼 곳에서, 즉 심해의 차가운 물에서 온 게 틀림없어요.

유리해면 (Glass Sponge)

HEXACTINELLIDA

해면동물을 보면 조금 헷갈려요. 동물일까, 식물일까, 아니면 설거지할 때 쓰는 스펀지일까? 해면동물도 동물이라는 사실을 잘 모르는 사람이 많아요. 해면동물은 6억 년도 전에 지구상에서 진화한 최초의 다세포 생물(하나 이상의 세포로 이루어진 생물) 중 하나였어요. 우리에게 낯익은 동물들이 존재하기도 훨씬 전에 고대의 바다를 돌아다녔지요. 동물들이 육지에 살기 시작한 게 4억 년 전이고, 공룡이 나타난 때도 2억 4,000만 년 전이니까요.

유리해면은 500여 종이 있으며, 전 세계의 바다에서 볼 수 있어요. 대부분은 수심 400m에서 900m 사이에 살지만, 6,000m나 되는 깊이에서 발견되기도 해요.

결혼 선물

일부 태평양 문화권에서는 결혼하는 부부에게 아름다운 **유리해면**을 선물해요. 유리해면 속의 작은 새우는 평생을 함께하는 부부를 상징해요.

> 유리해면은 크기가 매우 다양해요. 가장 작은 것은 1cm도 안 되고, 가장 큰 것은 2m에 달해요.

중간층

튼튼하고 안전한 몸

어떤 **유리해면**은 어두운 곳에서 하얀 꽃을 피우는 식물처럼 해저에서 솟아올라요. 유리해면은 다른 해면동물과는 달라요. 연하고 물렁물렁하지 않고 유리 같고 딱딱해요. 보기엔 깨지기 쉬운 꽃병 같지만, 전혀 그렇지 않아요. 유리해면의 뼈대는 아주 작은 이산화 규소(실리카)로 이루어져 있어요. 이산화 규소는 해변의 모래알에서 흔히 발견되는 단단한 광물로, 집에 있는 유리창을 만드는 데 사용돼요. 이산화 규소로 만들어진 몸은 아주 강하면서도 탄성이 좋아요. 이러한 골격 덕분에 여러 포식자로부터 안전할 수 있답니다.

즐거운 나의 유리 벽 집

유리해면은 여러 동물들의 피난처예요. 바로 옆을 헤엄쳐 가는 물고기와 갑각류를 자주 볼 수 있지요. 유리해면 중 하나인 **비너스의 꽃바구니**는 새우들에게는 매우 중요한 곳이에요. 새우들의 집이거든요. 새우들은 집을 깔끔하게 만들어 주는 대가로 안전과 먹이를 보장받아요.

어렸을 때 유리해면의 골격 틈으로 들어간 새우는 평생을 유리 벽 속에서 살아요. 몸이 커지면 빠져나올 수가 없어서 집이 감옥이 되거든요. 새우들은 새끼를 낳으면 다른 유리해면 집을 찾을 수 있게 주변 바다로 내보낸답니다!

귀엽네!

수심 200m에서 1000m

유리해면이 사람에게도 도움이 된다고?

골격이 지닌 엄청난 힘과 탄성 덕분에 **유리해면**은 인간을 위한 더 나은 물질을 만드는 데 관심이 큰 과학자들의 연구 대상이 되고 있어요. 인터넷에도 이 물질을 쓰면 더 먼 거리에서 더 빠른 속도로 통신을 할 수 있어요! 눈에 보이지 않는 것 같아도 사실 인터넷은 광대한 컴퓨터 네트워크예요. 컴퓨터는 케이블로 연결하는데, 케이블의 재료가 무엇이냐에 따라 정보의 이동 속도를 크게 높일 수 있어요. 이 많은 케이블들은 과연 어디에 있을까요? 네, 바다 밑이에요! 모든 대륙을 연결하는 100만 km가 넘는 케이블이 해저에 놓여 있답니다.

여과 섭식자

유리해면은 여과 섭식자예요. 다시 말해, 먹이인 작은 박테리아와 플랑크톤을 찾기 위해 몸에서 많은 양의 바닷물을 걸러낸다는 뜻이지요. 우리는 아직도 유리해면에 대해 모르는 부분이 많아요. 어떻게 아기를 만들고, 정확히 무엇을 먹고, 어디에 사는 걸 좋아하는지 참 궁금해요.

관해파리 (Siphonophore)

관해파리는 아마도 처음 들어 볼 거예요. 신기하고 대단한 점이 참 많은 동물이랍니다! 해파리와 말미잘과 친척으로, 매우 특이해요. 모두 175종이고, 모양, 크기, 색깔이 다양해요. 떠다니는 거품에 줄기가 붙은 것 같은 녀석들도 있고, 몸이 길고 가늘며 길게 늘어진 촉수가 줄줄이 달린 녀석들도 있고, 유난히 모양이 둥근 녀석들도 있어요. 흰색, 빨간색, 주황색, 심지어 보라색 관해파리도 있어요. 많은 종이 촉수를 사용해 해저에 몸을 붙이고 살지만, 몇몇 종은 해수면을 따라 헤엄치기를 좋아해요. 그 중간에서 편안함을 느끼는 종도 있고요. 전 세계의 모든 바다에서 발견되며, 물을 몸 뒤로 빠른 속도로 밀어낼 때 발생하는 힘을 이용해 이동해요.

세계에서 가장 긴 동물!

관해파리는 몸길이가 최대 40m까지 자랄 수 있어요. 흰긴수염고래보다도 더 길답니다!

엄청 길다!

총이 과학자들의 연구에 도움이 된다고?

관해파리는 연구용으로 포획하기가 까다로워요. 매우 연약해서 잡으려고 하면 부서져 버리거든요. 20세기에는 흔히 그물을 바다 밑바닥으로 끌고 다니면서 깊은 바닷속 생물을 잡았어요. 이렇게 하면 많은 동물을 찾아낼 수 있지만, 끌어 올리는 과정에서 여린 동물들은 잘 부서져요. 이제 과학자들은 심해 잠수정에 부착된 장비를 사용해 신중하게 포획해요. 그중에는 헤엄치는 동물들을 빨아들이는 총도 있어요! 그렇게 해서 잡은 생물을 땅 위로 가져와 연구하지요.

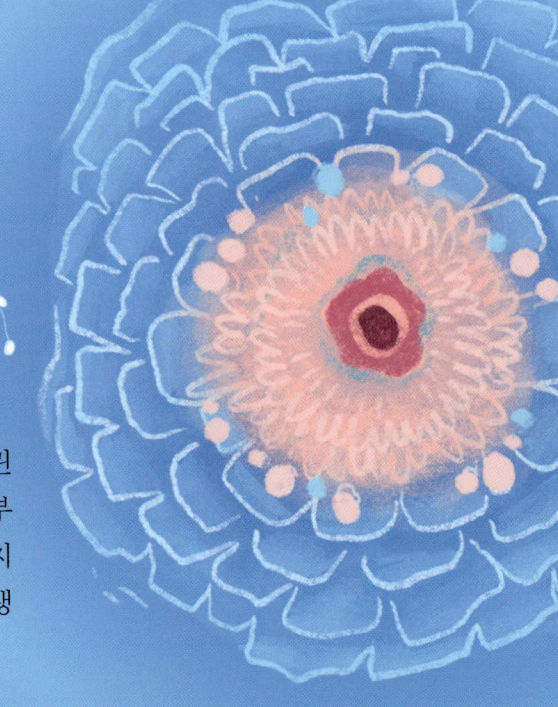

사냥꾼이 사냥을 당하다

심해 **관해파리** 중 한 종은 드넓은 바닷속에서 먹이를 찾기 위한 영리하고 교활한 방법을 개발해 냈어요. 촉수마다 달린 새빨간 불빛을 미끼 삼아 먹이를 유인하는 거지요. 불빛을 까딱거리면서 움직이면 작은 갑각류처럼 보여요. 그렇다면 누가 작은 갑각류를 먹으러 올까요? 다른 물고기들이죠! 아무것도 모르는 물고기들은 먹이를 잡았다고 생각하겠지만, 진짜 먹이를 차지하는 주인공은 관해파리랍니다!

빛을 만드는 포식자

관해파리는 포식자이고, 독침 세포를 사용해 작은 갑각류와 물고기를 잡아요. 어떤 관해파리는 먹잇감을 유인하기 위해 녹색, 파란색, 심지어 빨간색 불빛을 만들 수도 있어요. 대부분은 가만히 앉아서 먹잇감이 다가오기를 기다려요. 큰 그물처럼 촉수를 던져 우연히 먹잇감이 쏘이기를 기대하지요.

수심 200m에서 1000m

슈퍼 유기체

놀랍게도 **관해파리**는 하나의 생명체가 아니라 수천 개의 작은 해파리들이 하나로 합쳐진 군체 해파리예요! 하나하나를 개충이라고 하는데, 이 각 개충이 서로 연결되어 관해파리의 몸을 구성해요. 개충이라고 해서 다 똑같은 건 아니에요. 각자 맡은 역할이 달라요. 식사 담당, 헤엄 담당, 번식 담당에 혈액 순환 담당도 있답니다!

더욱 깊은 바다로 들어가면 달이 뜨지 않은 밤처럼 사방이 캄캄해져요. 모든 것이 한층 불편해지지요. 물은 냉장고(약 4°C)에 넣어 둔 음료수처럼 차갑고, 수압이 증가하기 시작해요. 심해층은 수심 1,000m에서 3,000m 깊이로, 대양에서 햇빛이 전혀 닿지 않는 첫 번째 영역이에요. 낮이면 많은 동물들이 이곳을 찾아요. 심해층의 어둠을 이용해 안전하게 몸을 숨겼다가 밤이 되면 먹이를 찾아 해수면 쪽으로 이동하지요.

심해층은 영원한 밤이 계속되지만, 그렇다고 빛이 전혀 없다는 말은 아니에요. 스스로 빛을 내는 동물들이 많거든요! 이것을 생물 발광이라고 해요. 생물 발광 어류는 1,500종이 넘어요. 스스로 빛을 만드는 능력은 매우 편리해서 어류 역사상 적어도 27번은 진화를 거듭했어요. 정말 놀랍죠. 여러 차례 진화를 했다는 것은 그만큼 매우 유용하다는 뜻이니까요.

심해에서 80%가 넘는 물고기가 빛을 낼 수 있다는 사실은 이 열악한 환경에서 살아남기 위해 없어서는 안 될 요소라는 뜻이에요. 이 으스스한 빛을 내는 데는 두 가지 방법이 있어요. 스스로 빛을 만들기도 하고, 박테리아의 도움을 받기도 해요. 주로 먹잇감을 유인하거나 포식자를 피할 때 쓰지만, 짝을 찾을 때도 이 빛을 사용해요. 깊은 바다로 들어갈수록 먹이 찾기는 더욱 어려워져요. 이곳에 사는 동물들은 먹잇감을 찾고, 또 놓치지 않도록 온갖 종류의 방법으로 진화해 왔어요. 먹잇감이 나한테 올 게 확실하다면 굳이 먹이 찾는 일에 시간을 다 써 버릴 이유가 없겠죠? 그래서 많은 물고기들이 먹잇감을 속여서 입으로 유인하는 방법을 계속해서 발전시켰어요. 그리고 일단 먹잇감이 가까이 오면 붙잡아서 놓치지 않는 게 최선일 거예요. 턱에 무시무시한 이빨이 촘촘하게 난 것도 그 때문이에요. 탈출은 꿈도 꾸지 못할 테니까요. 크기가 어떻든 한번 잡은 먹이는 절대 놓치기 싫지 않겠어요? 언제 다시 먹이를 만나게 될지 모르거든요! 그래서 자신보다 더 큰 먹이를 먹는 방법을 찾아 진화한 동물들도 많아요. 한 예로, 턱과 위가 쭉쭉 늘어나는 동물들도 있답니다.

내 몸보다 더 큰 음식을 먹는다니, 상상이 되나요?

그럼 먹을 게 많겠네!

나무수염아귀 (Illuminated Netdevil)

LINOPHRYNE ARBORIFERA

아귀의 일종인 **나무수염아귀**는 수심 1,000m 아래의 바다를 헤엄쳐 다녀요. 머리에는 빛나는 미끼를 달고, 턱에는 밝고 덥수룩한 턱수염을 기르고, 크리스마스트리처럼 바다를 밝히지요.

몸길이가 8cm도 안 돼요!

심해층

빌붙어서 살아가기

나무수염아귀는 암수가 매우 다르게 보여요. 앞으로 사진을 보게 된다면 대부분 암컷일 거예요. 암컷이 수컷 크기의 10배나 되거든요. 자세히 보면, 암컷 아래쪽에 아주 작은 수컷이 숨어 있을 거예요. 수컷에겐 미끼가 없어요. 미끼는 물론이고 입도 필요가 없어요. 먹이를 암컷에게 전적으로 의존하고 있기 때문이에요.

대신 눈과 콧구멍이 커서 빌붙어 살 암컷을 찾는 데 유용해요. 일단 암컷을 붙잡고 나면, 사실상 암컷의 일부가 되어 모든 영양분을 얻어먹어요. 아예 암컷의 몸속으로 파고들어 암컷의 피를 통해 양분을 공급받는답니다. 이를 '기생 수컷'이라고 하며, 아귀에게는 흔한 일이에요. 암컷 한 마리에 수컷 한 마리씩 붙어살아요. 암컷의 엉덩이 근처에 거꾸로 서서 언제든 난자를 수정시킬 준비를 하지요.

세상에나!

플래너리 박사님의 탐험 수첩

심해에서 온 손님

이따금 폭풍이 지나가고 나면 바닷가에서 생각지도 못한 손님을 발견할 때가 있어요. 언젠가 물에 떠밀려 온 아귀 한 마리를 본 적이 있어요. 내 손바닥만 한 크기에, 갈색과 노란색이 얼룩덜룩하고, 작은 미끼가 달린 아귀였어요. 심해 종은 아니었지만, 큰 폭풍이 친 뒤나 특이한 상황에서는 심해 물고기가 발견되기도 해요. 혹시 그럴 때 바닷가에 가게 되면 심해에서 온 보물이 있는지 눈을 크게 뜨고 살펴보세요.

현혹되지 마

심해에는 약 160종의 **아귀**가 살아요. 큰 이빨을 드러내며 웃는 듯한 모습과 늘어나는 위로 유명하고, 자신보다 훨씬 큰 먹이를 먹을 수 있어요. 모든 아귀에게는 미끼라고 불리는 매우 특별한 신체 부위가 있어요. 낚싯대 끝에 미끼를 달아 본 적이 있나요? 우리가 쓰는 미끼는 순진한 물고기를 유인하기 위해 사용하는 가짜 미끼예요. 맛있는 먹이처럼 보이게 만들 수도 있고, 반짝거리거나 밝은 색을 쓰는 경우가 많아요. 아귀는 먹이를 잡기 위해 빛이 나는 미끼를 사용해요. 머리 정중앙에서 밝은 빛을 내고, 큰 입과도 아주아주 가깝지요!

나를 반짝이게 해 줘!

나무수염아귀는 매우 드물게 두 가지 방법으로 빛을 내요. 반짝이는 미끼는 아귀의 몸속에 사는 박테리아가 만들어 줘요. 대신, 박테리아는 살기 좋은 안전한 장소를 얻는 셈이지요. 턱에 긴 수염도 있는데, 마치 양치식물의 길게 갈라진 잎처럼 생겼어요. 먹이 유인용으로 쓰는 이 턱수염은 아귀가 만들어 내는 특별한 화학 물질로 인해 밝은 빛을 내요.

수심 1000m에서 3000m

낚시의 달인!

늑대덫아귀 (Wolftrap Seadevil)

LASIOGNATHUS SACCOSTOMA

늑대덫아귀는 아귀의 일종으로 아주 별난 낚싯대를 가지고 있어요. 낚싯대 끝에 물고기를 잡을 때 사용하는 3개의 갈고리가 달려 있는데, 사람들이 플라이 낚시*를 할 때처럼 얼굴 앞으로 낚싯대를 던지기도 해요! 늑대덫아귀는 모두 8종이며, 전 세계 바다에서 볼 수 있어요.

이런 뜻이었군요!

늑대덫아귀의 학명은 '털북숭이 턱 자루 입'이라는 뜻이에요.

늑대덫아귀는 수심 4,000m 깊이에서 발견돼요!

심해층

심해에는 치과 의사가 없어요

머리가 참 희한하게 생겼죠? 위아래 턱이 맞물리지 않으니 교정기가 필요할 것 같네요! 긴 주둥이에 이빨이 훤히 드러나 있고, 주둥이 끝에는 큰 콧구멍이 2개 있어요. 콧구멍이 크다는 것은 후각이 뛰어나다는 뜻이에요. **늑대덫아귀**의 몸 아랫부분에는 특별한 감각 기관도 있어요. 아주 작은 수압의 변화도 감지해서 먹이를 찾는 데 유용하지요.

• **플라이 낚시**: 낚싯줄에 벌레 모양의 가짜 미끼를 달아서 물고기를 잡는 낚시.

신호등긴턱고기
(Stoplight Loosejaw)

MALACOSTEUS NIGER

신호등긴턱고기는 꼭 신호등 같아요. 눈 밑과 눈 뒤에 빛을 내는 2개의 기관이 있어요. 하나는 푸른색, 다른 하나는 붉은색이에요. 용물고기의 일종으로, 전 세계의 바다에서 볼 수 있어요. 몸길이가 최대 30cm까지 자라며, 수심 4,000m까지 살 수 있어요.

밤에도 잘 보여요

이 정도 깊이의 바다에서는 동물들이 대부분 붉은빛을 느끼지 못해요. 그러니 붉은빛을 만들 수 있으면 좋겠지요. **신호등긴턱고기의 붉은빛은 야간 투시경과 같은 역할을 해요.** 다른 물고기들에게 슬금슬금 다가가도 하나도 보이지 않으니까요.

배고파

신호등긴턱고기는 턱이 헐거워요. 바늘 같은 이빨이 빽빽한 데다 턱이 넓게 쭉 늘어나서 아주 큰 먹이도 잘 잡아요. 아래턱은 피부가 없고 뼈만 있어서 그냥 벌어져 있어요. 벌린 입으로 탈출하면 되겠다고요? 무시무시한 이빨에 찔리지만 않는다면요!

아야!

갑각류와 물고기들을 잘 먹어요.

수심 1000m에서 3000m

볼록눈물고기
(Mirrorbelly Spookfish)
OPISTHOPROCTUS GRIMALDII

볼록눈물고기는 통안어의 일종으로, 전 세계에 총 19종의 통안어가 있어요. 생김새가 가장 특이한 물고기라 해도 과언이 아닐 거예요. 머리 꼭대기를 올려다보는 커다란 눈이 있거든요! 만약 우리가 그렇게 본다면 새까만 두개골만 보이겠지만, 볼록눈물고기는 눈 위쪽의 머리가 투명한 막으로 되어 있고, 그 안은 액체로 채워져 있어요. 이 투명막이 눈을 보호하는 동시에 빛을 확대해 주는 일종의 돋보기 역할을 해요. 눈이 수면을 향하고 있는 이유는 뭘까요? 아마도 위쪽에 있는 먹이를 찾기 위해서인 것 같아요. 일단 찾고자 하는 먹이를 발견하면, 눈을 다시 앞으로 휙 돌릴 수 있는 통안어도 있다고 해요. 먹이를 잡으러 쌩하니 달려가는 거지요!

자, 보이죠…? 그런데 사라졌습니다!

볼록눈물고기가 심해층 위쪽의 중간층에서 잡힌 일이 있어요. 중간층에 있으면 밝은 배 부분이 아래쪽에 있는 포식자들로부터 녀석들을 보호하는 역할을 할 수도 있다는 게 과학자들의 생각이에요. 포식자들이 밝은 해수면 쪽을 올려다봤을 때, 거울 배가 일종의 위장술 효과를 발휘해 몸을 숨기는 데 도움이 될 테니까요.

똑똑한데!

전구 엉덩이

볼록눈물고기는 엉덩이에서 빛이 나요! 엉덩이 옆에 전구 같은 기관이 있는데 바로 그곳에서 박테리아가 빛을 만들어 몸의 다른 부위로 보내지요. 몸 아랫부분에 있는 기관을 통해 빛을 조절할 수 있으며, '거울 배(mirrorbelly)'라는 영어 이름은 여기에서 생겼어요. 학명인 오피스토프록투스(*Opisthoproctus*)는 '항문 뒤에'라는 뜻이랍니다!

내 머릿속이 궁금해?

윈테리아 텔레스코파(Winteria telescopa)도 통안어의 일종이에요. 검푸른 색깔을 띠는 작은 녀석으로, 머릿속이 훤히 들여다보이는 게 꼭 젤리로 가득 차 있는 것 같아요! 머리가 매우 투명해서 혈관을 비롯한 온갖 것들이 다 보여요. 수심 2,000m 깊이의 바다에서 발견되었으며, 몸길이는 15cm랍니다. 학명인 텔레스코파는 망원경 같은 큰 눈에서 비롯되었어요.

채찍코아귀 (Elsman's Whipnose)
GIGANTACTIS ELSMANI

수심 1000m에서 3000m

아귀의 한 종류인 **채찍코아귀**는 심해층에 많이 살아요. 미끼를 이용한 낚시는 먹이를 찾는 데 확실히 좋은 기술이지요. 긴 채찍처럼 생긴 미끼가 있고, 미끼 끝에는 실같이 가느다란 줄기 몇 가닥이 달려 있어요. 암컷은 약 30cm까지 자라며, 작고 날카로운 이빨이 5줄이나 있어요. 다른 아귀들과 마찬가지로 수컷은 약 2cm로, 암컷보다 훨씬 작아요. 수컷에겐 짝짓기 대상인 암컷을 찾기 위한 후각이 발달해 있어요. 그런데 이 수컷들은 운이 좋아요. 평생 암컷에게 달라붙어 사는 **나무수염아귀**(44쪽 참조)와는 달리 자유롭게 산다고 알려져 있거든요.

똑바로? 거꾸로!

동물들은 우리의 예상과는 다른 방식으로 행동하기도 해요. 그래서 자연 서식지에서 살아 있는 동물들을 관찰하는 게 중요해요. 2002년에 과학자들이 **채찍코아귀**과의 한 종이 먹이를 찾는 장면을 목격했어요. 바다 깊은 곳에서 먹잇감을 기다리며 누워 있었다고 해요. 위아래가 뒤집힌, 그야말로 누워 있는 자세로요! 거꾸로 누워 지느러미를 내밀고, 미끼를 입 앞에 두고서 먹잇감이 물리기를 바라며 입을 벌리고 있었던 거예요.

쿠키커터상어
(Cookiecutter Shark)
ISISTIUS BRASILIENSIS

쿠키를 좋아하는 물고기는 아니에요! **쿠키커터상어**(검목상어)는 자신보다 큰 동물의 살점을 뜯어 먹는 걸 즐기지요. 몸길이가 56cm까지 자라며, 낮에는 수심 약 1,000m의 바다에서 지내다가 밤이 되면 저녁거리를 찾아 수면으로 이동해요.

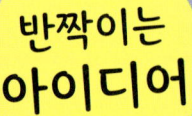

반짝이는 아이디어

쿠키커터상어는 반짝이는 배를 이용해 먹잇감을 유인해요. 더 큰 물고기나 해양 포유동물들은 녀석을 먹잇감이라고 생각하고 다가올지 몰라요. 그런데 가까이 왔다 싶으면 쿠키커터상어가 순식간에 덮치지요.

심해층

나한테 쿠키 냄새가 나니?

정말요?

이 무시무시한 동물은 잠수함을 물어 버린 적도 있대요!

🔍 밀착 취재

으악!

믿거나 말거나 **쿠키커터상어**가 사람을 한 입 베어 문 것으로 기록된 사례가 있어요. 2009년, 장거리 수영 선수인 마이클 스폴딩(Michael Spalding)은 하와이의 두 섬 사이를 헤엄치고 있었어요. 잔잔한 바다를 즐기던 중 부드러운 무언가와 부딪치는 게 느껴졌어요. 오징어인 줄 알았는데, 알고 보니 쿠키커터상어였지요! 마이클은 지름 10cm, 깊이 4cm의 상처를 입었어요. 상처 치료에 6개월이 넘게 걸렸고요. 몇 년 뒤, 마이클은 상어에게 물리는 일 없이 계획했던 수영을 무사히 마쳤답니다.

다행이야!

섬뜩한 기생충

쿠키커터상어는 날카롭고 뾰족한 이빨이 68개나 있는데, 먹이를 빠르고 확실하게 물어뜯을 수 있게 모든 이빨이 연결되어 있어요. 녀석들은 먹이를 무는 방법이 독특해요. 입술로 먹이의 살갗을 빨아들인 뒤, 날카로운 이빨을 깊이 박아요. 그런 다음 몸을 돌려 살점을 비틀어 떼어 내는데, 그렇게 떨어진 살점의 모양이 쿠키 틀 모양과 비슷해요! 쿠키커터상어의 먹이가 죽지 않고 계속 살기 때문에 쿠키커터상어는 기생충의 한 종류로 여겨져요. 기생충은 다른 생물(숙주)에 붙어서 먹이를 얻는 생물로, 숙주의 몸 위나 몸속에서 살기도 해요.

풍선장어 (Gulper Eel)

풍선장어는 길고 가는 꼬리가 달린, 헤엄치는 거대한 입이나 다름없어요. 턱이 몸길이의 4분의 1에 달하며, 이빨이 여러 줄로 촘촘하게 나 있어요. 큰 입은 대형 풍선처럼 부풀릴 수 있어요. 덕분에 자기 몸보다 훨씬 큰 먹이를 잡아먹을 수 있지요. 아래턱이 펠리컨의 부리처럼 늘어나 '펠리컨장어'라고도 알려져 있어요. 이 으스스한 장어는 최대 80cm까지 자라요.

내 꼬리 어때?

풍선장어의 꼬리 끝은 진분홍색을 낼 수 있고 깜빡거릴 수도 있어요. 추격에 약해서 빛이 나는 꼬리로 먹잇감을 유인하지요. 운 없는 먹잇감이 입에 가까워지면 순식간에 돌진해서 통째로 꿀꺽 삼켜 버린답니다!!

꿀꺽!

수심 1000m에서 3000m

랜턴상어 (Lantern Shark)
ETMOPTERUS SPINAX

랜턴상어는 돔발상어의 일종이에요. 최대 45cm까지 자라고, 대서양과 지중해에서 발견돼요. 작은 물고기, 오징어, 갑각류를 즐겨 먹어요.

반짝이는 배

랜턴상어의 몸 아래쪽에 있는 작은 부분들이 푸르스름한 녹색으로 반짝여요. 최대 4m 떨어진 곳에서도 보인답니다! 과학자들은 이러한 기능이 밑에서 올려다보는 포식자들에게서 몸을 숨기는 데 도움이 된다고 생각해요. 상어들은 두 차례에 걸쳐 이러한 능력을 진화시켜 왔는데, 이는 발광이 생존에 유용하다는 사실을 알아챘다는 뜻이에요. 발광 상어는 전체 상어 종의 약 12%를 차지한다는 점에서 매우 성공적으로 진화한 동물이에요.

심해층

의도치 않은 혼획

바다 밑바닥으로 큰 그물을 내려 물고기를 잡는 저인망 어선이 많아요. **랜턴상어**도 이렇게 잡히는 경우가 종종 생겨요. 보호가 필요한 해양 생물이 그물에 함께 걸려 잡힌 것을 '혼획'이라고 해요. 이렇게 잡힌 물고기는 다시 놓아주지만, 안타깝게도 그때는 이미 늦어서 살지 못해요. 과학자들은 대서양에서 물고기를 너무 많이 잡아서 랜턴상어의 수가 줄어들 거라고 우려하고 있어요.

진화

생명체는 변화를 거듭해요. 지구상의 동식물은 수천 년에 걸쳐 변화해요. 이것을 진화라고 하지요. 만약 우리가 아주 먼 수백만 년 전으로 간다면 우리 조상들과는 매우 다르게 보일 거예요. 사실, 너무 달라서 그들과 현재의 우리는 별개의 종족이지요. 우리는 왜 변할까요? 답은 주변 세상에 있어요. 오랜 시간에 걸쳐 환경은 변화하고, 생물들은 새롭게 살기 좋은 곳을 찾아내요. 자신이 처한 환경에 더 잘 맞도록 진화하지요. 조상들보다 더 큰 이빨을 가졌든, 아니면 강력한 빛을 내는 미끼를 가졌든, 성공적으로 진화한 동물들은 진화에 실패한 동물들보다 먹이를 더 많이 찾고, 새끼를 더 많이 낳을 거예요.

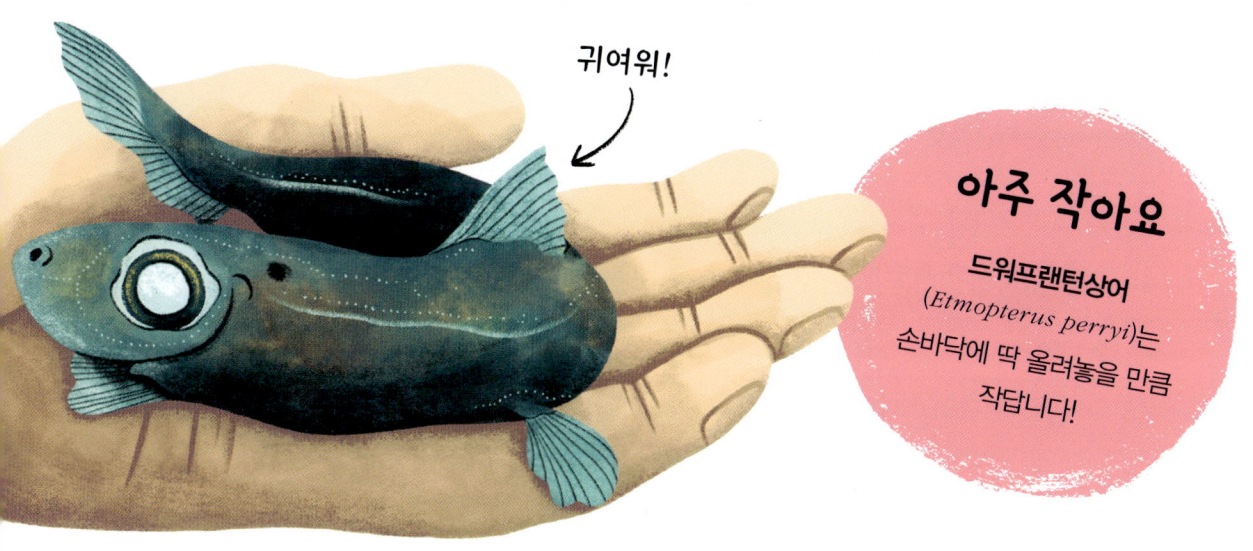

귀여워!

아주 작아요

드워프랜턴상어(*Etmopterus perryi*)는 손바닥에 딱 올려놓을 만큼 작답니다!

아톨라해파리 (Atolla Jellyfish)

ATOLLA WYVILLEI

심해에는 꿈처럼 아름답고 환상적인 해파리들이 있어요. **아톨라해파리**는 전 세계의 심해층에서 발견돼요. 붉은 몸에 20개의 긴 촉수를 달고 다니지요. 다른 촉수보다 훨씬 긴 특별한 촉수도 하나 있어요. 이 촉수 끝에는 먹잇감 유인용으로 쓰는 반짝이는 미끼가 달려 있답니다.

지름이 15cm!

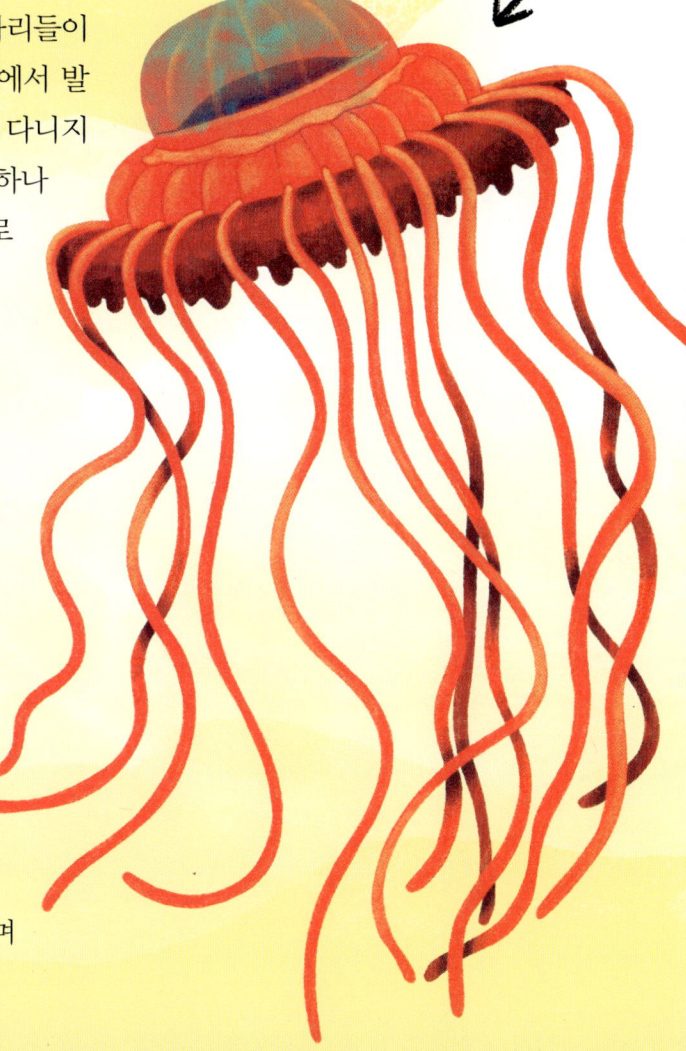

저리 가, 안 가면 경찰 부른다!

아톨라해파리는 건드리지 않는 게 좋아요. 잘못하다간 빛 경보기를 켤지도 모르거든요. 아톨라해파리는 위협을 느끼면 쉬지 않고 푸른 섬광을 만들어 내며 멋진 쇼를 연출해요. 이 번쩍이는 불빛은 90m 이상 떨어진 곳에서도 볼 수 있어요. 더 큰 포식자를 끌어들여 자신을 위협하는 생물을 잡아먹어 주기를 바라며 벌이는 행동으로 보여요.

수심 1000m에서 3000m

디프스타리아해파리
(Deepstaria Jellyfish)
DEEPSTARIA ENIGMATICA

아무렇게나 떠다니는 비닐봉지처럼 보이지만, 사실… 죽음의 풍선이에요! **디프스타리아해파리**는 심해 해파리의 일종이에요. 대부분의 해파리와 달리 촉수가 없어요. 비닐봉지처럼 생긴 몸은 지름이 1m에 달하고, 먹잇감과 마주치기를 기다리며 깊은 바닷속을 떠다니지요. 1960년대에 처음 발견되었으며, 최저 수심 1,750m 깊이의 전 세계 바다에 살아요.

아야!

해파리는 말미잘이나 산호와 친척이고, 이들은 모두 자세포라고 불리는 독침 세포가 있어요. 해파리는 촉수에 독침 세포가 있는 경우가 많아요. **디프스타리아해파리**는 촉수가 없지만, 과학자들에 따르면 온몸에 독침 세포가 있을 거라고 해요.

심해층

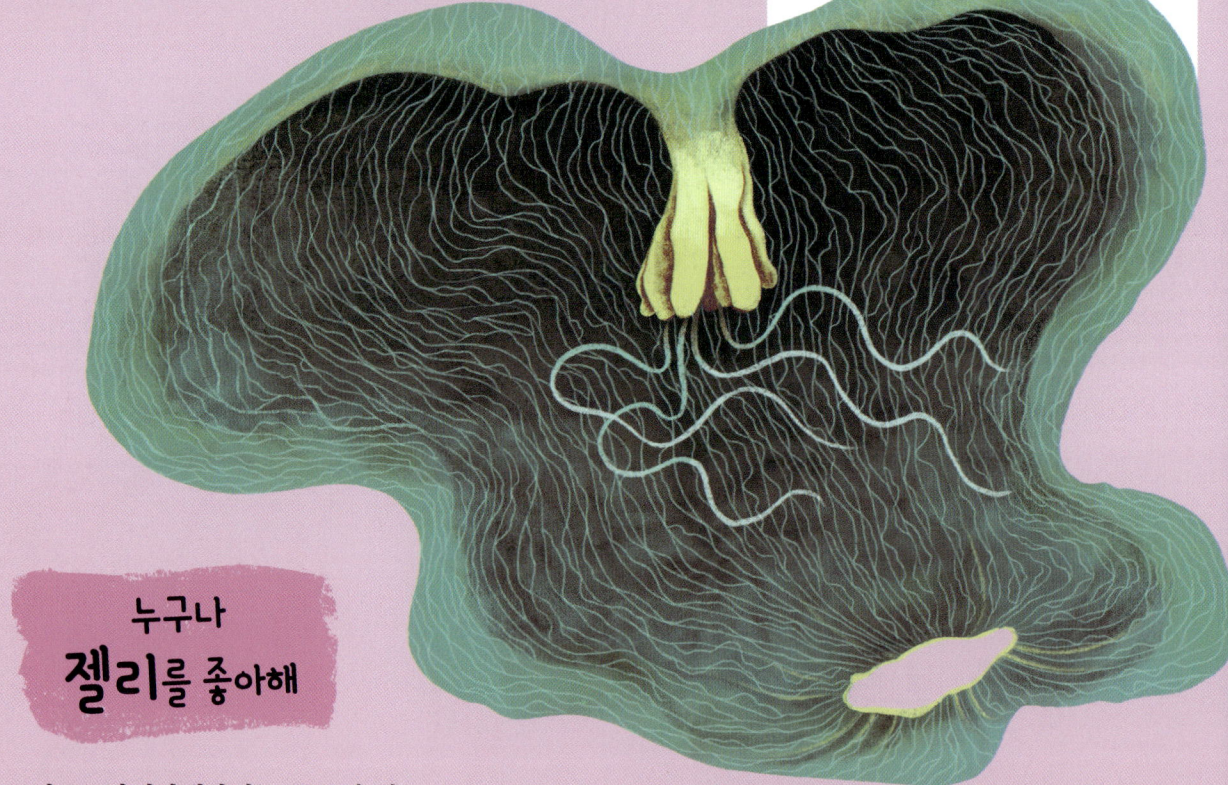

누구나 젤리를 좋아해

디프스타리아해파리는 죽으면 바다 밑바닥으로 가라앉아요. 이렇게 푸짐한 먹잇감에는 청소동물인 게와 새우가 우르르 몰려와 파티를 즐기지요! 과학자들이 잠수정에 달린 카메라로 운 좋게 젤리 같은 이 해파리 사체를 찍은 적이 있답니다.

나 좀 내보내 줘!

해파리는 맛 좋은 먹이를 만나면 어떻게 할까요? 먹이를 큰 몸속에 가둬요. 쓰레기봉투 끈을 확 당겨 묶듯이 펼쳐진 몸을 빠르게 오므릴 수 있거든요. 그러면 몸 안쪽의 독침 세포들이 침을 쏘아서 먹잇감을 마비시키는 것 같아요. 먹잇감이 움직임을 멈추면 작은 털들이 먹이를 입 쪽으로 보내지요.

해파리는 나의 집

깜짝하군!

죽음의 풍선 **디프스타리아해파리**로부터 보호를 받는 유일한 생물은 누굴까요? 바로 **등각류**예요. 등각류는 7쌍의 다리와 분절된 외골격(동물의 몸 겉면을 둘러싸고 있는 딱딱한 골격)이 있는 갑각류의 일종이에요. 이 작고 특별한 등각류는 해파리 몸속에 편안히 앉아 해파리한테 잡힌 먹이를 먹고 살아요. 공짜 집에 맛있는 식사와 포식자들로부터의 안전까지 책임져 주니 더없이 훌륭하죠! 심해 해파리들은 거의 다 몸 안에 등각류가 살고 있다고 해요.

긴코은상어 (Narrownose Chimaera)

HARRIOTTA RALEIGHANA

긴코은상어는 전 세계 바다에서 발견되며, 최저 수심 3,000m 깊이의 바다에 살아요. 길고 끝이 뾰족한 코와 채찍 같은 꼬리가 있고, 최대 120cm까지 자랄 수 있어요. 해저를 좋아하고 커다란 두 눈으로 작은 갑각류와 조개류를 찾아 먹지요. 생김새 때문에 래빗피시라고도 부르지만, 우리가 기르는 토끼처럼 사랑스러운 모습과는 거리가 멀어요!

수심 1000m에서 3000m

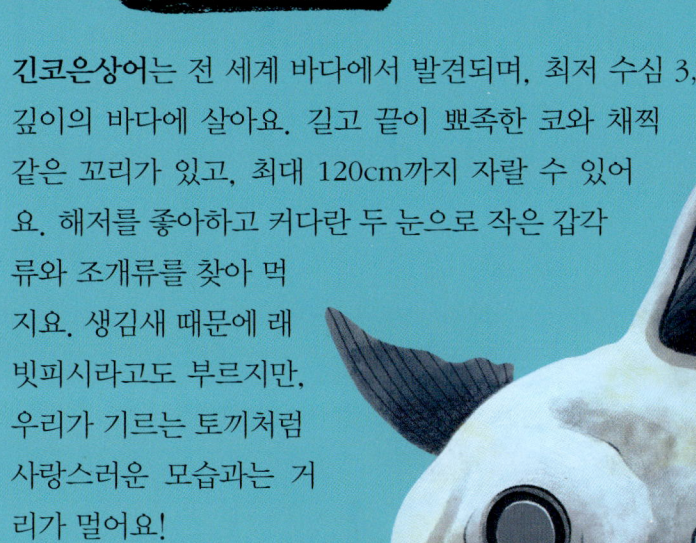

우주해파리
(Cosmic Sea Jelly)

BENTHOCODON HYALINUS

헛갈리면 안 돼요. 우주에서 온 비행접시가 아니라 깊은 바다에 사는 해파리랍니다. 길이가 2cm인 이 **우주해파리**는 사모아 인근 태평양의 수심 3,000m 깊이에서 발견되었어요.

이 세상 아름다움이 아니야!

심해층

해산(海山)

우주해파리는 해산 인근에 있던 과학자들이 발견했어요. 해산은 화산 작용에 의해 형성돼 해저에서 1,000m 이상 솟아오른 봉우리를 말해요. 생물 다양성이 풍부하며, 무수한 심해 생물들의 서식지로 알려져 있어요. 해산을 둘러싸고 흐르는 해류는 해저에서 추가 영양분과 먹이를 끌어 올려 온갖 생물들을 불러들이지요.

◆ 플래너리 박사님의 탐험 수첩 ◆

오렌지러피(Orange Roughy)

오렌지러피는 해산 근처에서 크게 무리 지어 살기를 좋아해요. 대규모로 번식하는 오렌지러피를 발견한 어부들은 조업 한 번으로 큰돈을 벌 수 있다는 사실을 알았어요. 순식간에 전 세계 식당에 육즙이 풍부한 오렌지러피의 살코기가 넘쳐 났지요. 몸 길이는 30cm에 지나지 않지만, 물고기치고는 수명이 길어서 150년 가까이 살 수 있어요! 150살이나 된 생선을 먹다니 뭔가 크게 잘못된 기분이 들어서, 그 사실을 알고부터 내 식탁에는 절대 올리지 않는답니다.

🔍 밀착 취재

해산 탐험

심해의 해산에는 세상에 알려지지 않은 매우 다양한 산호들이 살고 있어요. 검은색, 황금색, 빨간색 산호들이 어우러진 이 산호 숲은 높이가 60m에 이르며, 열대 우림 못지않게 많은 생명체들의 집이 되어 준답니다! 산호 숲 내부와 주변부에는 다른 동물들도 많이 살아요. 붉은게와 흰게는 산호 사이를 기어 다니며 마치 작은 뱀처럼 다리를 쉴 새 없이 흔들어 대요. 시드니의 오스트레일리아박물관 관장 시절, 심해 탐험가 그레그 라우스(Greg Rouse)와 함께 일한 적이 있는데 참 재밌는 이야기를 많이 들려주었지요. 한번은 남태평양에서 잠수정을 타고 내려가 최초로 해저 산맥 전체를 탐험했다고 하더군요. 수심 4km 깊이의 해저 산맥에서 새로운 종들을 많이 목격했는데, 올라오는 길에 문어를 포함해 몇 마리는 그물에서 탈출했다고 해요. 깜짝 놀랐던 일도 있었대요. 어느 날 아침, 연구선에서 4km 아래에 위치한 해저로 내려갔는데 그곳에서 포를 뜬 생선 한 마리를 발견했다는 거예요! 주방 직원들이 포를 뜨고 난 생선의 머리와 뼈를 바다에 버렸는데 바닷속을 떠다니지 않고 곧바로 바다 밑으로 가라앉았대요. 깊은 바다 밑은 매우 고요한 곳이랍니다.

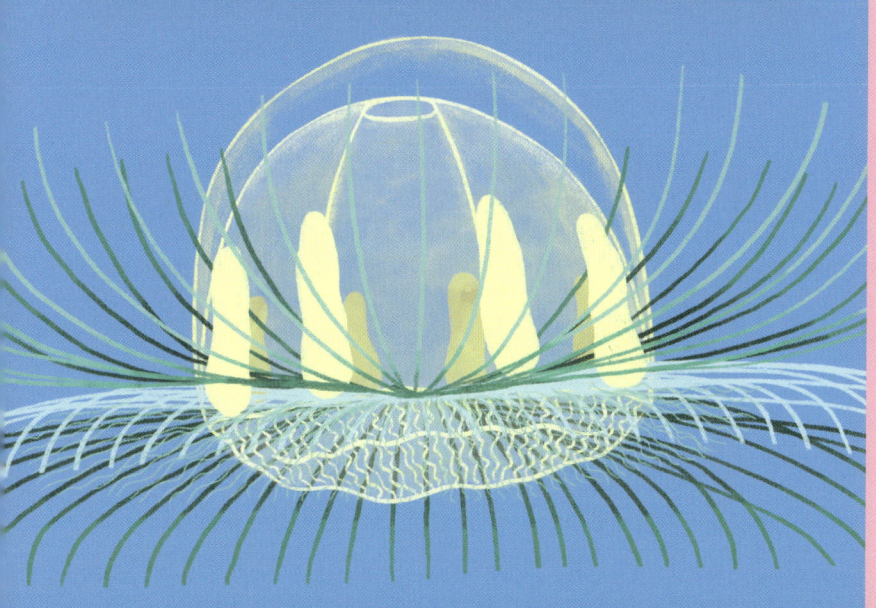

촉수가 이렇게나 많다니!

우주해파리는 위로 뻗은 촉수들과 아래로 뻗은 촉수들, 이렇게 촉수가 2쌍이에요. 그 수가 모두 800개가 넘어요! 촉수가 많으면 먹이 사냥에 유용하다고 생각하는 사람들도 있지만, 과학자들도 그 이유는 잘 몰라요. 몸 전체가 투명해서 선홍색 소화계와 반짝이는 노란색 덩어리들이 훤히 보여요. 이 노란 덩어리들은 아기 해파리를 만들 때 사용하는 기관이랍니다!

투명 해파리

숨을 곳 없는 세상에서 투명한 몸은 훌륭한 생존 전략이에요. 심해의 수많은 생물들이 우리 눈에는 아예 보이지 않는다는 뜻이지요. 설령 1m 길이의 물고기가 바로 우리 코끝에 앉아 있다고 해도요. 해파리나 그와 비슷한 생물들은 이 방면에서는 최고의 전문가라서 진정한 심해의 지배자랍니다.

수심 1000m에서 3000m

파타고니아이빨고기 (Patagonian Toothfish)

DISSOSTICHUS ELEGINOIDES

파타고니아이빨고기는 남반구의 차가운 물을 좋아해요. 새끼들은 얕은 물을 좋아하는데, 그곳에서 크릴새우 같은 작은 갑각류를 잡아먹어요. 클수록 물고기를 찾아 더 깊은 물(수심 3,850m)로 들어가지요. 어른 파타고니아이빨고기는 기회 섭식자예요. 마주치는 먹잇감을 가리지 않고 먹는다는 뜻이에요!

몸길이가 2m 넘게 자라고 물고기치고는 오래 살아서 50살을 넘기기도 해요!

오래 사네!

나를 너무 많이 잡지 마세요!

여러 나라에서 고급 해산물로 여겨서 파타고니아이빨고기(일명 '메로')를 많이 잡아요. 안타깝게도 마구잡이로 잡아들이는 바람에 멸종될 위험에 처해 있지요. 어른이 되어 새끼를 갖기까지 최대 9년이 걸린다는 점에서 특히나 취약해요. 파타고니아이빨고기는 보통 배 밑으로 큰 그물을 내려서 끌고 다니는 저인망 방식으로 잡아요. 다른 어류와 해양 포유동물들도 이렇게 잡히는 경우가 많은데, 그러다가 죽는 일도 허다해요. 파타고니아이빨고기를 돕고 싶다면 낚지도 말고 먹지도 마세요!

작전명 아이스피시(Icefish)

각 나라 정부에서는 조업이 가능한 어장을 정하고 잡을 수 있는 물고기 수를 제한하는 등, 어류의 개체 수를 보호하기 위한 규칙을 제정하고 있어요. 이러한 규칙은 특정 종이 멸종 위기에 처하는 것을 막아 준다는 점에서 중요해요. 그런데 규칙을 어기고 불법 조업을 하는 어선들도 가끔 있어요.

작전명 아이스피시(2014~2016년)가 실시되던 당시, 거센 폭풍우와 유빙을 뚫고 선더호(Thunder)라는 불법 어선을 추격하는 사건이 발생했어요. 선더호가 파타고니아이빨고기의 남획을 금지하는 규칙을 어겼기 때문이에요. 남극에서부터 무려 아프리카 서부까지 선더호를 뒤쫓은 배는 '환경을 지키는 전사들'로 이루어진 조직인 시셰퍼드(Sea Shepherd) 소유의 선박이었어요. 110일간의 숨 가쁜 추격 끝에 시셰퍼드는 선더호를 따라잡았어요. 선더호가 침몰되고 선원들을 구조해야 했지만요! 선더호의 선장과 기관장은 1,700만 달러(약 200억 원)의 벌금을 부과받고 감옥으로 보내졌답니다.

키아스모돈 (Black Swallower)

CHIASMODON NIGER

키아스모돈은 크기는 25cm밖에 안 되지만, 제 몸 크기의 10배가 넘는 먹이를 집어삼킬 수 있어요. 이빨이 가득한 큰 입으로 물고기를 통째로 삼키고는 늘어난 배 속에서 소화를 시켜요. 위가 너무 늘어나서 피부가 투명해질 정도예요! 배가 풍선 같은 이 물고기는 대서양의 수심 2,700m 깊이에서 만날 수 있어요.

내가 바로 동급 최고의 **포식자!**

키아스모돈은 다 씹지도 못할 만큼 먹을 때가 있어요. 배가 터진 채로 물 위를 둥둥 떠다니는 녀석들이 발견된 적도 있답니다! 너무 큰 먹이를 삼키면 이런 일이 생겨요. 먹이를 미처 다 소화하기도 전에 먹이가 분해되며 가스가 방출되기 시작하거든요. 이 가스 때문에 배가 터지고 마는 거죠….

빵!

케이크를 딱 한 조각만 더 먹고 싶어서, 위가 늘어났으면 좋겠다고 생각해 본 적이 있나요? 키아스모돈이라면 가능하답니다. 케이크를 통째로 삼키고도 남을걸요!

수심 1000m에서 3000m

태평양독사고기
(Pacific Viperfish)

CHAULIODUS MACOUNI

독사고기는 심해에서 가장 무섭게 생긴 물고기 중 하나로, 사납기로 악명이 높아요. 모두 9종이 있으며, 눈이 크고 커다란 송곳니가 있어요. 송곳니가 너무 커서 아래턱에 난 이빨들은 두개골 밖으로 튀어나와 거의 눈을 찌를 정도예요. 푸르스름한 은빛의 이 물고기들은 태평양의 수심 4,000m 깊이까지 내려가는데, 밤이면 해수면으로 이동해 갑각류와 오징어를 비롯한 다른 물고기들을 잡아먹고 살아요.

독사고기 감옥

심해에서는 먹이를 구하기가 어려워요. 그래서 확실히 먹잇감을 잡을 수 있도록 온갖 희한하고도 놀라운 방법들을 진화시켰지요. **독사고기**는 빠르게 헤엄쳐서 먹잇감을 잡을 수 있어요. 긴 이빨을 감옥의 창살처럼 사용해요. 입 속에 갇히면 빠져나갈 방법이 없어요! 또한 위턱과 아래턱이 이어져 있지 않고 탈구된 상태라, 자신보다 더 큰 먹이도 삼킬 수 있어요. '유리송곳니독사고기'라는 종은 두개골 크기와 견주어 지구상에서 가장 큰 이빨을 가지고 있답니다!

심해층

몸길이가 최대 30cm!

자, 보이죠…?
그런데 사라졌습니다!

태평양독사고기는 배가 반짝거려요. 주변의 짙푸른 바다 빛깔과 어울리기 때문에 몸을 숨기기가 쉽지요. 독사고기 중에는 등지느러미 위에서 빛이 나는 종도 있는데, 이 빛으로 순진한 먹잇감을 유인해요.

섬뜩해!

나 좀 여기서 꺼내 줘!

머리없는치킨몬스터
(Headless Chicken Monster)

ENYPNIASTES

1882년에 처음 발견되었지만, 이 종잡을 수 없는 생물은 만나기가 힘들어요. 수심 5,689m 깊이의 바다에서 발견되었고, 최근에 오스트레일리아 과학자들이 남빙양(남극해)의 수심 3,000m 깊이에서 동영상을 촬영했어요. 이름이 참 별나죠? 특이하게 생긴 지느러미로 수중 카메라를 향해 헤엄쳐 오는 모습을 보고 과학자들이 오븐 속에 막 집어넣은 통닭을 떠올려서 붙인 이름이라고 해요!

수심 1000m에서 3000m

치킨이 아니면 대체 뭔데?

믿거나 말거나 **머리없는치킨몬스터**는 사실 해삼의 일종이에요. 해삼은 불가사리, 거미불가사리, 성게와 친척이에요. 술통처럼 생긴 몸은 최대 25cm에 이르며, 머리 주변에 촉수 덩어리가 있어요. 이 촉수를 사용해 해저의 작은 먹이들을 입으로 날라요. 대부분의 해삼처럼 퇴적물 섭식자이며, 소화계를 통해 다량의 해저 퇴적물을 통과시켜 그 속에 숨겨진 작은 먹이들을 찾아 먹어요. 그리고 나면 남은 퇴적물을 배설해야 하는데, 그래서 흔적이 남아요. 이 똥 자국을 따라가면 해삼이 다닌 곳을 알 수 있답니다! 주로 먹이 활동을 하며 바다에서만 시간을 보내다가 가끔 지느러미를 사용해 위로 헤엄쳐 올라가요.

천재적인 방어술

영리한걸!

연약하고 젤리 같은 이 동물은 광활한 바다에서 아주 탁월한 방식으로 스스로를 지켜 내요. **머리없는치킨몬스터**는 피부 안쪽에서 빛을 만들어 낼 수 있어요. 만지면 온몸에서 빛이 나요. 포식자가 귀찮게 하면 피부에서 떨어지는 반짝이는 반점을 마구 흩뿌리고 도망치는 더 좋은 방법도 있어요! 녀석을 잡아먹으려고 했던 상대에게는 끔찍한 소식이지요. 빛나는 반점을 뒤집어쓴 탓에 도리어 자기가 포식자를 유인하게 생겼으니까요.

오징어벌레 (Squidworm)

TEUTHIDODRILUS SAMAE

오징어벌레는 일종의 벌레예요. 땅속으로 굴을 파고 들어가는 대신, 해저에서 자유롭게 헤엄치기를 좋아하지요.

오징어야, 벌레야?

몸길이 10cm!

촉수

심해층

🔍 밀착 취재

과학자들은 심해를 어떻게 연구할까?

심해에 서식하는 동물들을 찾아내려고 과학자들은 많은 기술을 사용해요. 생물을 포획하기 위해 큰 우리처럼 생긴 덫에 미끼를 넣어 바다 밑으로 내려보내지요. 잠수정에 비디오카메라를 부착하기도 하고요. 무인 심해 잠수정은 원격 조종 무인 탐사정(ROV)이라고도 불러요. ROV가 2007년 보르네오섬 앞바다의 수심 3,000m 깊이에서 **오징어벌레**를 발견했어요. 과학자들은 이렇게 희한한 동물을 그토록 오랫동안 알지 못하고 지냈다는 사실에 충격을 받았어요. 아마 심해에 설치해 둔 포획용 덫을 능숙하게 빠져나왔던 것 같아요. 설령 발견되었더라도 워낙 몸이 연해서 해수면으로 끌어 올리는 과정에서 다치기 쉬웠을 거예요. ROV를 사용하면 과학자들이 서식지에서 동물들을 관찰해 동물들의 행동 방식을 많이 연구하고 배울 수 있어요.

편리하네!

신기한 재주가 많아요

오징어벌레는 몸이 투명하고 많은 촉수가 머리를 에워싸고 있어요. 그중 2개는 노랗고 구불구불해요. 이것들로 해수면에서 떠내려온 먹이의 잔해들을 찾아내지요. 다른 촉수들은 호흡을 하고 컴컴한 바닷속에서 길을 찾는 데 사용해요. 제 몸보다도 길게 뻗을 수 있는 특급 촉수이지요. 촉수 사이에는 깃털 같은 '코' 2개가 숨겨져 있는데, 이 코로 물속의 화학 물질을 감지해요. 또 몸 아래에는 노처럼 생긴 털 투성이 다리들이 있어요. 헤엄을 치면 이 노들이 일제히 움직여요. 운동 경기장에서 파도타기 응원을 하는 모습 같다고 할까요!

거대유령해파리
(Giant Phantom Jellyfish)

STYGIOMEDUSA

거대유령해파리는 아마 심해에서 가장 큰 무척추동물 포식자일 거예요. 지름은 최대 75cm에 몸은 검붉은 종 모양이에요. 몸에는 6m에 달하는 굵은 팔(구완) 4개가 달려 있어요. 이 팔들은 먹이를 붙잡는 데 사용되는 것 같아요. 영하 1.5℃에서 영상 4℃ 사이의 차가운 수온을 좋아하며, 전 세계의 깊은 바다에서 볼 수 있어요. 수심 2,000m 깊이의 멕시코만에서 발견된 적이 있답니다.

수심 1000m에서 3000m

물고기 친구

물고기와 심해 해파리 사이의 우정은 매우 드문데, 둘은 공생 관계로 알려져 있어요. **거대유령해파리**가 자기보다 훨씬 작은 하얀 물고기를 데리고 다니는 장면이 서너 번 목격되었거든요. 과학자들이 관찰한 결과, 이 하얀 물고기 친구는 해파리 옆에 바짝 붙어서 어딜 가든 따라다녔어요! 이 둘은 도움을 주고받는 사이로, 꼬마 물고기는 해파리의 기생충을 없애 주는 대신 쉴 곳과 먹이를 얻지요. 꼬마 물고기는 해파리의 독침으로부터 몸을 보호하기 위해 온몸이 끈끈한 물질로 덮여 있어요. 친구가 되려고 끈끈이를 뒤집어쓰다니 대단한 우정이죠!

끈끈하군!

처진고래물고기 (Flabby Whalefish)

DITROPICHTHYS STORERI

고래와 비슷한 생김새에 피부가 흐물거리고 비늘이 없어서 붙여진 이름이에요.

처진고래물고기는 모두 30종이 있으며, 가장 큰 종은 몸길이가 39cm에 달해요. 입이 크고 지느러미가 맨 아래쪽에 달려 있어요. 스스로 빛을 만들지는 못해요. 그런데도 심해층에 잘 적응해서 살고 있지요. 수심 1,800m 아래에는 다른 물고기들보다 고래물고기의 수가 더 많기도 해요. 밤이 되면 먹이를 찾아 더 얕은 물로 이동해요.

심해층

수수께끼의 퍼즐을 맞추다

고래물고기는 그동안 과학계의 큰 수수께끼였어요. 100년이 넘도록 수컷과 암컷과 새끼가 각각 다른 종으로 여겨졌으니까요! 가족 간에 닮은 점이 없을뿐더러 사는 지역도 달랐거든요. 1895년에 수심 1,000m 아래에서 고래물고기가 처음 발견되었고, 수년간 500마리 이상의 개체가 포획되었어요. 이상하게도 다 암컷이었어요. 약 50년 뒤, 과학자들이 해수면에 사는 작은 물고기 한 마리를 발견했어요. 입이 위로 들려 있고 꼬리가 길어서 테이프테일(Tapetail)이라는 이름을 붙였어요. 100마리 넘는 개체가 발견되었는데 신기하게도 전부 다 어린 새끼들이었어요. 엄마, 아빠는 어디에 있었을까요? 빅노우즈(Bignose)도 고래물고기처럼 깊은 바닷속에서 발견되었어요. 65마리를 발견했는데, 전부 다 수컷이었어요. 우연일까요? 글쎄요! 2003년에 마침내 과학자들이 모든 사실을 밝혀냈어요. 고래물고기의 일종인 케토미미다이(Cetomimidae), 테이프테일, 빅노우즈―이렇게 서로 다른 3개 종으로 여겨졌던 녀석들이 사실은 행복한 대가족이었던 거예요! 앞으로 얼마나 더 많은 수수께끼들이 여러분의 발견을 기다리고 있을까요?

단판류 (Monoplacophoran)

단판류는 큰 겉껍데기와 해저에 몸을 붙이는 데 사용하는 끈끈한 발이 1개 있어요. 껍데기는 땅바닥에 놓인 작은 모자처럼 보여요. 단단한 땅, 부드러운 땅을 가리지 않고 몸을 붙일 수 있고, **우주해파리**(56쪽 참조)처럼 해산 인근에서 자주 발견돼요.

입과 입술이 통통한 발 위에 있는데 이것으로 해저에서 찾아낸 작은 먹이를 씹어 먹어요. 작은 삿갓처럼 생긴 이 생물은 바닥에 구불구불한 해저 먼지의 흔적을 남기며 천천히 움직여요. 희한하게도 콩팥과 심장과 아가미가 여러 쌍 있답니다! 이러한 여분의 기관들이 호흡을 도와주는 것으로 여겨져요.

몸길이 3~10mm

나, 살아 있어!

단판류는 처음에는 과학자들에게 화석으로 알려지며 3억 7,500만 년 전에 멸종된 생물로 여겨졌어요. 1950년대에 이르러서야 3,500m 아래의 해저를 훑던 중 살아 있는 단판류를 발견했지요. 20세기의 가장 큰 생물학적 발견 중 하나로 기록된 사건이었답니다! 현재 살아 있는 종이 35종 넘게 존재하는 것으로 알려져 있어요.

수심 1000m에서 3000m

초대왕오징어 (Colossal Squid)

MESONYCHOTEUTHIS HAMILTONI

먼바다에서 선원들을 공포에 떨게 한다는 **대왕오징어** 이야기는 들어 봤을 거예요. 그런데 그보다 훨씬 큰 **초대왕오징어**는 들어 봤나요? 초대왕오징어는 지구상에서 가장 무거운 무척추동물이에요. 지금까지 발견된 가장 큰 초대왕오징어는 무려 495kg이나 나갔답니다! 큰 말 한 마리와 비슷한 무게예요. 이 육중한 오징어는 남극 주변의 차가운 물을 좋아하며, 수심 2,000m의 남반구 바다 전역에서 볼 수 있어요.

고래 배 속에서 나왔다고?

초대왕오징어는 **향고래**의 배 속에서 소화된 음식물과 함께 처음으로 발견되었어요.

무시무시한 술통

초대왕오징어는 몸길이가 6m에 이르는 근육질에 몸 색깔이 붉어요. '외투막'이라고 불리는 술통 모양의 통통한 몸이 있고, 외투막 끝에는 화살처럼 생긴 넓은 지느러미 2개가 있어요. 또 몸 밑으로는 접시만 한 눈 2개가 달린 머리가 있어요. 8개의 긴 다리와 2개의 더 긴 촉완으로 먹잇감을 끝장내 버려요.

부리 달린 오징어?

오징어의 몸은 거의 다 부드러워요. 중요한 한 부분만 빼고요. 촉완 사이에 숨겨진, 단단한 부리로 에워싸인 입이 바로 그거예요. 오징어는 앵무새 부리처럼 생긴 이 강력한 부리로 먹잇감을 죽이고 갈기갈기 찢어요. 바다의 살인 앵무새랄까요? 향고래를 비롯해 오징어를 먹는 동물들의 배 속에서 오징어 부리가 종종 발견돼요. 과학자들은 이 부리를 연구해서 오징어의 크기를 알아낼 수 있지요. 지금까지 발견된 가장 큰 오징어의 몸통보다 더 큰 부리도 있었어요. 이런 부리가 있는 오징어들은 최고 기록인 495kg보다 훨씬 더 크게 자랄 가능성이 있답니다!

어디에 가면 볼 수 있을까?

초대왕오징어를 보려고 깊은 바다로 뛰어들 필요는 없어요. 뉴질랜드로 날아가면 되거든요! 뉴질랜드 테파파통가레와박물관에 가면 초대왕오징어 한 마리가 보존되어 있어요. 남극해에서 낚시를 하던 사람한테 잡혔다고 해요. 안타깝지만 살아 있는 초대왕오징어는 보기 힘들어요. 지금까지 우연히 잡힌 초대왕오징어는 모두 12마리인데, 과학자들의 연구용으로 쓰였어요.

새 먹이

바닷새의 일종인 **앨버트로스**는 죽은 초대왕오징어를 먹는 것으로 알려져 있어요. 앨버트로스의 위에서 초대왕오징어의 부리가 나온 적이 있거든요.

거대한 눈

대왕오징어와 함께 **초대왕오징어**는 지구상의 어떤 동물보다도 눈이 커요. 이 거대한 오징어들은 최고의 강적인 향고래를 더 잘 보기 위해 큰 눈을 사용하는 것 같아요. 초대왕오징어는 향고래가 가장 좋아하는 먹이이거든요. 많은 향고래의 몸에는 오징어들과의 생사를 건 결투에서 얻은 상처가 남아 있어요.

초대왕오징어의 눈에는 발광기라고 불리는 빛을 내는 기관이 있어요. 그런데 이 빛을 어디에 쓰는지는 과학자들도 잘 몰라요. 먹이를 찾을 때 위장용으로 쓴다는 얘기도 있어요. 어둠 속에서 보면 작고 빛나는 물고기 2마리처럼 보일 수도 있으니까요. 다가오는 먹이를 더 잘 보려고 눈에 달린 불빛을 쓴다는 말도 있고요.

최상위 포식자

초대왕오징어는 남극해의 최상위 포식자로 여겨져요. 잠복 사냥꾼으로, 빠른 속도로 먹이를 쫓는 대신 숨어서 기습 공격을 하지요. 촉완에 치명적인 갈고리가 있어서 살을 물어뜯을 수 있어요. 가장 좋아하는 먹이는 파타고니아이빨고기, 상어, 그리고 다른 오징어들이에요.

수심 1000m에서 3000m

한판 붙어 볼까?

67

심해 열수구

심해 열수구

마그마

대양 지각

맨틀

바다의 밑바닥, 즉 해저는 완전히 정적에 잠긴 고요한 장소는 아니에요. 시간이 지남에 따라 전혀 새로운 해저의 일부가 생성되기도 하는데, 그렇게 되면 그 지역에서는 많은 활동이 일어나요! 해저는 대양 지각이라고도 불리는데, 대양 지각은 바다 한가운데 깊은 곳에서 만들어져요. 천천히 움직이는 컨베이어 벨트처럼 지구의 뜨거운 내부에서부터 새로운 지각이 솟아나기 시작하지요. 이러한 지역에서는 해저에 심해 열수구라고 불리는 일종의 구멍이 생겨요. 수중 화산과도 비슷해요. 지구의 핵과 얇은 지각 사이에 있는 부분인 뜨거운 맨틀은 이곳에서 해저와 더 가까워져요. 이 열수구에서 열기가 빠져나오면서 주변 바닷물이 매우 뜨거워지지요.

열수구는 열수 분출공이라고도 불려요. 열수는 '뜨거운 물'이라는 뜻이에요. 주변 바닷물이 1℃ 정도인데 열수구와 가까운 물은 400℃가 넘기도 해요! 매우 뜨겁지만, 수압이 높아서 끓지는 않아요. 열수구에서는 여러 가지 흥미로운 광물과 화학 물질이 빠져나와요. 이 특이한 해양 화학 작용 덕분에 거대한 관벌레와 털투성이 게, 육식 해면 같은 괴상하고도 생소한 동물들이 많이 살아갈 수 있지요!

심해 열수구는 신기하리만치 특별한 곳이에요. 이곳에 서식하는 동물들은 지구상의 그 어떤 동물들과도 다르게 살아요. 지상에서 식물과 일부 박테리아는 햇빛과 물, 이산화 탄소를 이용해 스스로 양분을 만들어요. 이를 광합성이라고 하지요. 햇빛과 광합성은 지구상의 거의 모든 생명의 근원이에요.

그런데 깊은 바닷속 열수구 근처에는 햇빛이 없어요. 이곳에 사는 생물들은 위에서 떠내려오는 먹이에 의존하는 대신 스스로 먹이를 구할 다른 방법을 알아냈어요. 어떤 박테리아들은 화학 에너지를 이용해서 먹이를 만들어 내요. 이를 화학 합성이라고 해요. 이 매우 특별한 박테리아는 열수구에서 나오는 화학 물질을 낚아채 스스로 먹이를 만들지요. 열수구 가까이에 사는 동물들은 이 박테리아와 밀접한 관계를 발전시켰고, 많은 동물들의 몸 위나 몸속에는 이 박테리아가 살고 있어요! 박테리아가 필요한 에너지를 모두 공급해 주기 때문에 입이나 내장이 아예 없는 동물들도 있어요. 이러한 긴밀한 관계가 없었다면 어떤 생물도 이 척박한 환경에서 살아갈 수 없었을 거예요. 이제 이 놀라운 생물들을 만나 보기로 해요!

스쿼트랍스터 (Squat Lobster)

스쿼트랍스터라는 이름을 처음 들어 봤다고요? 하지만 해저는 녀석들의 세상이랍니다. 확인된 종만 900종이 넘고, 얕은 곳에 있는 산호초에서부터 수심 5,000m 깊이인 대양저 산맥(화산 작용으로 형성된 거대한 해저 산맥)의 열수구에 이르기까지 살지 않는 곳이 없어요. 몇몇 종은 심지어 바다 근처 동굴에서 살기도 해요. 그 수가 아주 많아서 해마다 새로운 종이 10여 종 발견되거나 기술되고 있답니다.

동물을 발견한다는 것은 그 동물을 처음으로 알아냈다는 뜻이에요. 동물을 기술한다는 것은 그다음 단계로, 해당 동물을 연구하고 공식적으로 이름을 짓는다는 뜻이고요.

심해 열수구

쿨쿨…

스쿼트랍스터는 소라게처럼 집을 가지고 다니지 않아서 잠을 자려면 포식자를 피해 몸을 숨길 안전한 장소를 찾아야 해요. 뒤로 기어서 갈라진 틈으로 비집고 들어가거나, 바위 밑에 숨어서 날카로운 집게발을 내놓고 가까이 오면 물어 버리지요!

콱!

체로 쳐서 밥 먹기

스쿼트랍스터는 다리가 10개예요. 그중 첫 번째 쌍은 다리 끝에 가장 중요한 집게발이 달려 있어요. 청소동물이지만 작은 동물을 잡아먹기도 해요. 강력한 집게발로 해저의 진흙과 모래를 퍼 올린 다음 필요한 먹이를 찾을 때까지 체로 거르듯이 꼼꼼하게 추려 내요. 우리도 녀석들처럼 먹는다고 상상해 보세요. 식사 시간이 끝도 없을걸요!

일곱 빛깔 무지개

만세!

좋아, 좋아!

스쿼트랍스터는 모양과 크기가 다양해요. 어떤 종들은 유령거미처럼 길고 가늘고 뾰족뾰족해요. 짧고 뚱뚱하고 외골격이 아주 두꺼운 녀석들도 있어요. 심지어 뾰족한 징이나 얼룩말 무늬 또는 선홍색 반점으로 온몸이 뒤덮인 녀석들도 있지요. 생김새가 이렇게 제각각인 건 몸을 보호하거나, 먹이를 찾거나, 짝을 유혹하는 등 여러 가지 이유가 있어서예요. 이 놀라울 정도로 다채로운 생물들은 바닷가재처럼 보이지만, 사실 소라게와 친척이랍니다.

박테리아 보호막

열수구 근처에 서식하는 **스쿼트랍스터**는 박테리아에 의존해 에너지를 얻어요. 몸은 미세한 체외 박테리아로 덮여 있지요. 박테리아들은 아늑하고 따뜻한 곳을 좋아해서 평생을 뜨거운 열수구 가까이에서 살아간답니다.

🔍 밀착 취재

심해 열수구 탐험

2011년 과학자들은 심해 열수구 인근에 서식하는 동물들을 탐사하기 위해 로봇 잠수정의 일종인 원격 조종 무인 탐사정(ROV)을 수심 2.8km 아래로 내려보냈어요. '용의 숨결'이라고 불리는 마다가스카르 남동쪽 2,000km 지점의 열수구를 선택했지요. 축구장만 한 크기였는데, 인근에 생명체가 너무 많아서 굳이 넓은 지역을 탐험할 필요가 없었답니다! 이 지역에만 서식하는 놀라운 동물들은 이미 잘 알려져 있는데, 그중엔 가슴에 털이 잔뜩 난 호프게와 같은 종도 있어요. 이번 탐사에서는 지금껏 한 번도 본 적 없는 기이한 달팽이와 벌레들을 포함해 6종의 신종 생물체를 발견했답니다!

친한 친구 사이예요

체외 생물은 다른 생물의 표면에 살면서 숙주를 해치는 기생충과는 달리 숙주에게 어떤 해도 끼치지 않는 생물을 말해요. 따개비는 체외 생물로, 고래 가죽에 붙어서 살기도 해요. **레모라**라고 불리는 빨판상어를 본 적이 있나요? 녀석들도 상어처럼 자기보다 더 큰 물고기 몸에 붙어사는 체외 생물이랍니다!

설인게 (Yeti Crab)

KIWA HIRSUTA

스쿼트랍스터의 일종인 **설인게**는 2005년 남태평양 이스터섬 인근의 열수구에서 처음 발견되었으며, 그 뒤로 보고된 종은 모두 5종뿐이에요. 평균 몸길이는 약 15cm이고, 모든 종이 남반구에서 발견되었어요.

뭐? 내가 괴물이라고?

설인게는 히말라야산맥을 배회한다는 설인(雪人), 예티와 닮았다고 해서 붙여진 이름이에요. 전설 속 설인처럼 가늘고 긴 털이 온몸을 뒤덮고 있고, 집게발에도 털이 아주 많아요.

박테리아 농사

낙농업이나 감자 농사라는 말은 들어 봤지만, 박테리아 농사라뇨? **설인게**는 먹이를 직접 길러요. 집게발에 있는 박테리아가 바로 먹이이거든요! 집게발에 난 털은 특별한 종류의 박테리아로 뒤덮여 있어요. 설인게는 심해 열수구 위로 집게발을 흔들어 박테리아 먹이를 구해요. 마치 교통경찰처럼요. (그래도 열수구에는 너무 가까이 가지 않는 게 좋아요. 잘못하다가는 산 채로 삶아질 수 있어요. 수온이 400℃까지 치솟기도 하거든요!) 그런 다음 다 자란 박테리아를 먹어 치워요. 냠냠! 그런데 작은 박테리아만으로 배를 채울 수 있을까요? 아니면 간식이 따로 필요할까요? 과학자들은 지금도 그 답을 찾으려고 노력 중이랍니다.

해면 (Sponge)

ASBESTOPLUMA

해면은 해저에 달라붙어 사는 단순한 종류의 생물이에요. 뇌와 위와 심장이 없지요. 먹이를 찾기 위해 섬모를 이용해 많은 양의 바닷물을 걸러 내요. 이렇게 하면 박테리아와 작은 유기물을 잡을 수 있어요.

심해 열수구

조용한 킬러

심해 열수구라는 환경만으로도 신기한데, 육식 해면이라니! 태평양의 깊은 바다에 서식하는 육식 해면은 수심 1,200m의 열수구 근처에서 발견되었어요. 첫 발견은 20년도 전에 이뤄졌지만, 지금껏 기술된 종은 7종에 지나지 않아요. 그 중 하나가 **아스베스토플루마 몬티콜라**(*Asbestopluma monticola*)예요. 키가 약 19cm로, 섬세한 가지들이 뻗어 있어요.

어서 와, 나의 무시무시한 갈고리로

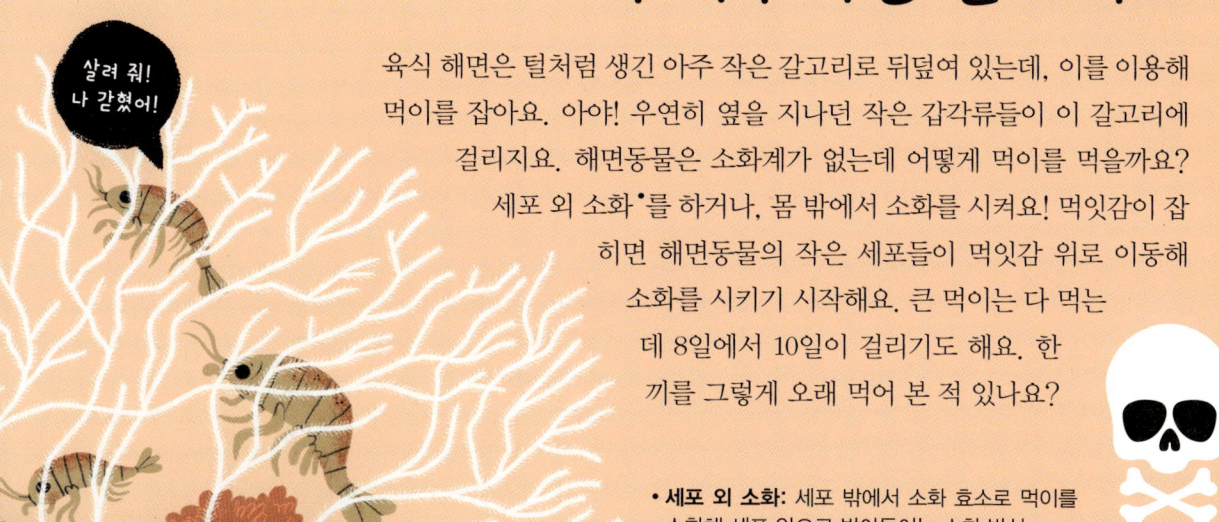

살려 줘! 나 갇혔어!

육식 해면은 털처럼 생긴 아주 작은 갈고리로 뒤덮여 있는데, 이를 이용해 먹이를 잡아요. 아야! 우연히 옆을 지나던 작은 갑각류들이 이 갈고리에 걸리지요. 해면동물은 소화계가 없는데 어떻게 먹이를 먹을까요? 세포 외 소화˚를 하거나, 몸 밖에서 소화를 시켜요! 먹잇감이 잡히면 해면동물의 작은 세포들이 먹잇감 위로 이동해 소화를 시키기 시작해요. 큰 먹이는 다 먹는 데 8일에서 10일이 걸리기도 해요. 한 끼를 그렇게 오래 먹어 본 적 있나요?

• **세포 외 소화:** 세포 밖에서 소화 효소로 먹이를 소화해 세포 안으로 받아들이는 소화 방식.

비늘발고둥 (Scaly-Foot Snail)

CHRYSOMALLON SQUAMIFERUM

비늘발고둥은 2003년 인도양의 수심 3,000m 깊이에서 발견되었어요. 열수구 주변, 축구장 2개 크기의 지역에서 서식하는 것으로 알려져 있어요.

심해 열수구

훌륭한 옷이야!

비늘발고둥은 보호에 관한 한 단연 최고예요. 껍데기와 발에 모두 갑옷을 두르고 있거든요. 이 갑옷은 여러 겹의 철 비늘로 이루어져 있어서 포식자의 공격에도 끄떡없어요. 비늘은 철 화합물로 이루어져 있어서 껍데기와 발을 억세고 튼튼하게 만들어 주지요. 게다가 황화 철을 두른 덕분에 아름다운 황금빛을 띤답니다.

멋지다!

집과 식사

비늘발고둥은 혼자 힘으로는 빛나는 갑옷을 만들지 못해요. 박테리아의 도움이 필요하지요. 갑옷에 사용되는 황화 철은 매우 독성이 강하거든요. 독성이 강한 화학 물질들은 심해 열수구에서 나오는데, 그 독성을 약하게 만들어 주는 특수한 박테리아가 필요해요. 도움을 주는 대가로 박테리아들은 비늘발고둥의 몸 밖에 살게 되지요.

비늘발고둥은 몸속에도 박테리아가 살아요. 이 박테리아가 먹이를 공급해 줘요. 비늘발고둥은 일반 고둥과는 먹는 방식이 달라서 소화계가 거의 없지만, 거대한 분비선이 있어요. 박테리아는 그곳에서 안전하게 산답니다.

심해저 채굴

열수구 주변 해저에는 금속이 매우 풍부해요. 금과 은 같은 귀금속을 찾아내려고 주변 지역을 채굴하는 회사도 있어요. 이 금속들은 인간에게 중요한 온갖 종류의 물건을 만드는 데 사용돼요. 채굴이 진행되면 해저의 큰 광물 덩어리들을 큰 양동이나 흡입관을 이용해 수면으로 끌어 올려요. 그런 뒤에 유용한 금속을 분리해 내지요.

심해저 채굴은 심해 생물들에게 고통을 주고 있으며, 자칫 멸종을 불러올 수도 있어요. **비늘발고둥**은 넓은 인도양의 열수구 인근 3곳에서만 소규모로 서식하는 것으로 알려져 있어요. 그중 2곳은 이미 광산 회사가 탐사를 진행하고 있어서 자칫 환경을 크게 교란할 수 있어요. 비늘발고둥은 최근 인간의 활동 때문에 멸종 위기종으로 분류되었어요. 멸종 위기종이란 아예 사라질 위험에 처해 있어서 우리의 도움이 필요한 생물을 말해요.

커다란 심장

비늘발고둥은 심장이 매우 커요. 동물의 왕국을 통틀어 몸 크기와 견주어 가장 큰 심장을 가지고 있답니다! 산소가 부족한 심해에서는 심장이 크면 혈액과 산소 순환에 도움이 돼요. 아주 뛰어난 생존 기술이지요!

고둥 자석

비늘발고둥의 갑옷 속 철에는 자성이 있어요. 냉장고 자석으로도 쓸 수 있답니다!

민고삐수염벌레
(Giant Tube Worm)
RIFTIA PACHYPTILA

아가미

왜 얼굴이 빨갈까?

민고삐수염벌레는 붉은 깃털 모양의 아가미를 사용해서 화학 물질이 풍부한 바닷물을 걸러 내요. 색깔은 왜 그렇게 붉을까요? 헤모글로빈이 풍부한 혈액이 가득 차 있어서예요. 헤모글로빈은 산소를 운반하는 단백질로, 인간의 혈액에서 발견되는 바로 그 단백질이에요!

더위를 사랑한다고?

열수구에서와 같이 극도로 높은 온도를 견딜 수 있는 동물을 초고온성 생물이라고 해요. '찌는 듯한 더위를 사랑하는 유기체'라고 할까요?

심해 열수구

이런 벌레는 처음이야

발견 당시, 민고삐수염벌레는 과학자들이 그동안 봤던 그 어떤 심해 벌레와도 달랐어요. 무엇보다 내장과 입이 없어서 어떻게 먹이를 찾는지 당황스러웠지요. 그건 모두 특별한 박테리아 친구들 덕분이에요! 이 박테리아들은 민고삐수염벌레의 몸속에 있는 영양체라고 불리는 특별한 기관에 살고 있어요. 민고삐수염벌레가 붉은 깃털 모양의 아가미를 이용해 박테리아에게 필요한 화학적 양분을 공급하면, 박테리아는 화학 합성을 해서 민고삐수염벌레를 위한 에너지를 만들어 내요. 특별한 박테리아의 도움으로 필요한 먹이를 공급받는 동물이 존재한다는 사실은 이들을 통해 처음으로 발견되었어요.

인간은 영양체는 없지만, 음식의 소화를 돕는 박테리아는 가지고 있어요. 그 박테리아들은 우리 배 속에 살아요!

🔍 밀착 취재

1977년, 지질학자들이 갈라파고스 단층 탐사를 위해 심해 잠수정을 타고 수심 2,400m 아래로 내려갔어요. 갈라파고스 단층은 새로운 해저가 생성되고 있는 지역으로, 남아메리카 서부의 태평양에 위치해 있어요. 학자들은 생명체의 흔적이 없는 심해 화산이 나오지 않을까 생각했어요. 그러니 열수구 옆에 모여 사는 **민고삐수염벌레**를 보고 얼마나 놀랐을까요?

민고삐수염벌레는 몸길이가 3m에 이르며, 하나당 무게가 500g이 넘어요. 길고 하얀 몸 끝에는 아름다운 붉은색 깃털이 달려 있는데, 마치 인사라도 하듯 물결에 따라 흔들려요. 떼 지어 흔들리는 이 깃털들이 붉은 장미를 떠올리게 해서 열수구 중 한 곳에는 '장미 정원'이라는 별명이 붙었답니다.

감염된 줄 알았지!

민고삐수염벌레의 어른벌레는 입이나 내장이 없지만, 어린벌레한테는 있어요. 과학자들은 박테리아가 어린벌레의 입 속으로 들어갔다가 벌레가 크면서 입과 내장이 사라지자 몸속에 갇혔다고 생각했어요. 그런데 최근의 연구에 따르면, 박테리아가 민고삐수염벌레의 피부를 뚫고 들어가는 거라고 해요. 꼭 감염되는 것처럼요.

너무 가까운 이웃

민고삐수염벌레는 빈틈없이 빽빽하게 모여 살아요. 1m²당 1,000마리 넘게 살 때도 있어요. 이러한 군집은 최대 60종에 달하는 다른 종들의 보금자리가 되지요. 그중에는 게와 갑각류가 있는데, 이들은 민고삐수염벌레 깃털을 야금야금 갉아 먹어요. 다행히 포식자가 너무 가까이 다가오면 하얀 관처럼 생긴 몸속으로 깃털을 오므라들게 할 수 있답니다.

> 이웃사촌을 좋아하나요? 그런데 이웃이 1mm 옆, 바로 코앞에 산다고 상상해 보세요!

심해 열수구

열수구문어
(Vent Octopus)

VULCANOCTOPUS HYDROTHERMALIS

심해 열수구에서 발견된 문어는 딱 한 종, 바로 **열수구문어**예요. 동태평양 해팽*의 수심 2,600m 깊이에서 발견되었어요. 남아메리카 서부 해안의 동태평양 해팽은 새로운 해저가 만들어지고 있는 일련의 수중 화산이에요.

민고삐수염벌레가 가장 편해!

열수구문어는 열수구를 에워싸고 있는 민고삐수염벌레들 속에 있는 걸 좋아해요. 포식자에게 위협을 받으면 꿈틀거리는 벌레들 사이로 자취를 쏙 감출 수 있거든요.

심해 열수구

크기는 약 52mm이고, 색소가 부족해 피부가 반투명해요.

• **해팽**: 대양의 밑바닥에서 길고 폭이 넓게 도드라진 부분.

문어가 기어 다닌다고?

다른 문어들처럼 **열수구문어**도 다리는 8개이지만, 사용하는 방식이 달라요. 바닥을 기어 다니는 걸 좋아하거든요! 먼저 앞다리 4개가 천천히 움직이면 뒷다리 4개가 그 뒤를 따라가요. 어둠 속에서 위치를 가늠하려고 이렇게 움직이는 게 아닐까요? 먹이를 찾기 위해 촉수를 사용하기도 해요. 어둠 속에서 빨판이 가득한 촉수가 스멀스멀 다가온다고 생각해 보세요! 그렇다고 녀석들이 다 느림보인 건 아니에요. 놀란 문어가 로켓처럼 빠르게 사라지는 모습이 목격되기도 했답니다.

식사 시간

열수구문어는 어둠 속에서 다리로 주변을 더듬어 먹이를 찾아요. 이를 촉각 섭식이라고 해요. 촉각뿐 아니라 수압의 변화를 감지하고 후각을 이용하는 것도 먹이 추적에 도움이 돼요. 특별히 좋아하는 먹이는 알려지지 않았지만, 게나 단각류 같은 갑각류를 먹는 모습이 목격된 적이 있어요.

깜깜해서 헛갈렸나?

열수구문어의 번식에 대해서는 과학자들도 잘 모르지만, 심해 잠수정으로 짝짓기 행동을 관찰한 적이 있어요. 1993년 동태평양 해팽을 탐험한 과학자들은 수컷 문어가 다른 수컷 문어와 짝짓기를 시도했다는 기록을 남겼어요. 다른 종의 수컷 문어와요!

열수구조개 (Magnificent Vent Clam)

CALYPTOGENA MAGNIFICA

열수구조개는 동태평양 해팽과 갈라파고스 단층의 열수구 주변에서 발견되었어요. 껍데기가 2개인 쌍각류의 일종으로, 굴과 홍합의 친척이에요.

몸무게 반이 혈관이라고?

열수구조개는 아가미에 사는 박테리아에게 먹일 화학 물질을 찾아야 해요. 물속으로 수관을 내밀어서 먹이를 찾지요. (수관은 일종의 먹이관이에요.) 동물들은 몸 곳곳으로 산소와 영양분을 이동시키는 혈액이 있어요. 열수구조개는 혈액을 이용해 아가미 속에 사는 박테리아에게 먹일 화학 물질을 운반해요. 이들에게 혈관은 아주 중요해서 몸무게의 절반이나 차지한다고 해요!

모두 함께 모여 사는 게 좋아

열수구조개는 유생의 형태일 때는 자유롭게 헤엄칠 수 있지만, 성체가 되면 해저에 가만히 붙어 있어요. 발을 이용해 해저에 난 틈새에 몸을 단단히 끼워 넣지요. 다닥다닥 붙어사는 군집 생활을 좋아해요.

몸길이가 최대 24cm!

심해 열수구

희한한 조개

이 조개는 다른 조개와는 달라요. 첫째, 소화계가 거의 없고, 둘째, 아가미에 박테리아 집단이 살고 있어요. 또 몸이 붉은데, 조직이 헤모글로빈을 포함한 혈액 세포로 가득 차 있기 때문이에요. 헤모글로빈 내부에서는 철분과 산소가 서로 결합하는데, 이로써 혈액 세포가 붉은색을 띠게 돼요. 열수구 인근에 서식하는 생물들에게 공통으로 나타나는 특징이지요.

껍데기만 봐도 알아요

열수구조개는 최대 25년까지 사는 것으로 알려져 있어요. 그걸 어떻게 알까요? 쌍각류 조개는 껍데기가 해마다 한 층씩 자라니까 그 수를 세기만 하면 돼요. 나이테로 나무의 나이를 알아내는 것과 같아요.

과학자들은 껍데기로 과거에 대한 정보도 찾아낼 수 있어요. 열수구조개는 자라면서 주변 광물들을 섭취해요. 이 광물들은 열수구의 수온 변화뿐만 아니라 대양의 화학적 변화를 알아내는 데에도 사용할 수 있답니다!

맛없어!

열수구조개 안에 있는 박테리아는 단순히 먹이만 제공하는 게 아니라 조개를 지켜 주는 역할도 해요. 포식자들이 너무 가까이 오거나 잡아먹으려고 하면 박테리아에서 황화 수소 가스가 뿜어져 나와요. 황화 수소 가스는 썩은 달걀 냄새를 풍겨요. 조개 맛도 아주 이상하게 만든답니다!

웩, 못 먹겠네!

심연

심연은 수심 3,000m에서 6,000m에 이르는 고요하고도 섬뜩한 바다예요. 끝없이 펼쳐진 해저는 이렇다 할 변화를 볼 수 없는 한결같은 영역이지요. 낮도 밤도 없고 계절의 변화도 없는 세상을 상상해 보세요. 날마다 똑같은 하루가 되풀이되지요. 수온은 바로 위 심해층보다도 더 차서 어는점에 가까워요. 수압은 해수면이나 육지에서 느끼는 기압의 600여 배에 달해요. 이렇게 깊이 내려가면 사방에서 온몸을 찍어 누르는 듯한 느낌이 들겠죠!

어두운 심연에서는 극소수의 생명체만이 근근이 목숨을 이어 가요. 이곳의 생물들은 생김새가 매우 유별나요. 특히 눈이 없는 동물이 많아요. 어차피 볼 것도 없는데 눈이 무슨 소용이 있겠어요? 몸이 투명한 동물들도 있는데, 그 말은 몸속이 다 들여다보인다는 뜻이에요.

이곳 심연에서는 먹이 찾기가 위 수층들보다 훨씬 더 어려워요. 해수면에서 흘러내려 오는 잔해물에 의존해 사는 동물들이 대부분이고, 포식자도 많지 않아요. 이처럼 어둡고 추운 환경에서는 생명이 서서히 자라나요. 세계에서 가장 나이가 많은 동물뿐만 아니라 아주 거대한 생물들도 만날 수 있답니다!

세발치 (Tripod Spiderfish)
심연세발치 (Abyssal Spiderfish)

BATHYPTEROIS GRALLATOR　　**BATHYPTEROIS LONGIPES**

세발치와 심연세발치는 가까운 친척으로, 가장 깊은 바닷속에 사는 물고기들이라고 할 수 있어요. 수심 6,000m가 넘는 깊은 바닷속에 많이 살아요.

영리한 균형 잡기

정말 신기해!

세발치는 아주 영리하게 균형을 잡아요. 움직이지 않고 지느러미를 지지대 삼아 바다 밑바닥에 서서 쉴 수 있도록 진화했어요. 긴 지느러미가 미니 삼각대 역할을 해서 가만히 서 있을 수 있지요. 과학자들은 지느러미에 여분의 분비액을 주입해 지느러미를 뻣뻣하게 만드는 것 같다고 추정해요. 다시 헤엄쳐 가고 싶으면 지느러미의 힘을 뺄 수도 있고요. 혼자서, 또는 여럿이 함께 세 다리로 서 있는 장면이 목격되었답니다.

지지대는 왜 필요할까?

해저에서 높이 설 수 있는, 길쭉한 지지대 같은 지느러미를 갖도록 진화한 까닭은 무엇일까요? 그 답은 해류에 있어요. 맛 좋은 갑각류와 물고기 같은 여러 동물들이 해류를 타고 움직여요. 그런데 해저는 물살이 훨씬 약해요. 위태로워 보이긴 해도, 세발치는 바닥에서 높이 올라갈수록 맛있는 식사를 할 기회가 많아지는 셈이죠!

이제 해저로 출발합니다!

어른 **심연세발치**는 어둡고 차가운 심연의 평원에 살지만, 따스한 햇볕이 비추던 시절을 기억할지도 몰라요. 세발치의 유생은 얕은 바다에서 살거든요. 크면서 아래로 아래로 내려가다가 어둡고 머나먼 해저에 도달하지요.

먹이들아, 어서 와!

세발치는 앞쪽에 달린 가슴지느러미도 특별해요. 민감한 신경이 가득하거든요. 몸 앞쪽으로 내민 이 지느러미들은 물속의 아주 작은 움직임도 감지해 내요. 이를 이용해 작은 갑각류를 찾아 입으로 유인하지요. 그뿐만 아니라 다른 물고기들이 다가올 때 발생하는 진동을 감지해 포식자를 확인하는 데 도움을 주기도 해요. 참 대단하죠!

> 능력자네!

혼자서도 잘해요

세발치는 암수 생식 기관을 모두 가지고 있어요. 다른 세발치와는 물론이고, 혼자서도 짝짓기가 가능하다는 뜻이지요. 암수한몸이란 한 개체에 암수 생식기가 모두 있는 생물을 가리키는 말이랍니다.

수심 3000m에서 6000m

심해이빨흑고기
(Common Fangtooth)

ANOPLOGASTER CORNUTA

심해이빨흑고기는 크고 뾰족한 송곳니로 유명한 심해 물고기예요. 물고기 중에서는 몸 크기(최대 16cm)와 견주어 이빨이 가장 커요! 이빨이 너무 커서 입을 다물지 못하게 생겼지만, 대신 아랫니가 두개골 안쪽의 특수한 구멍으로 쑥 들어가요. 몸은 뾰족한 검은 비늘로 덮여 있고, 머리뼈가 희한하게 돌출돼 있어요.

송곳니를 자랑하며 돌아다녀요

심해이빨흑고기는 전 세계에서 발견되는데, 과학계에 알려진 종은 단 2종뿐이에요. 낮에는 깊은 바닷속에서 안전하게 보내다가 밤이 되면 수면으로 이동해요. 좋아하는 먹이들이 밤이면 수면으로 이동하기 때문이에요.

엄마하고 안 닮았다고?

심해이빨흑고기의 성어와 치어는 생김새가 매우 달라요. 치어는 성어의 절반 크기만큼 자라면서부터 성어와 비슷한 모습을 갖추기 시작해요. 치어는 부모에 비해 눈은 크고 이빨은 훨씬 작아요. 성어와 치어의 모습이 너무 달라서 1800년대 초에는 아예 다른 종으로 기술되기도 했답니다!

먹이를 기다려요

심해에 사는 물고기들은 칠흑 같은 어둠 속에서 어떻게 먹이를 찾을까요? 대부분은 그냥 운이죠! 거대한 이빨에 먹이가 잡히기만을 기다리고 기다려요. 다 자란 **심해이빨흑고기**는 다른 물고기나 오징어를 먹지만, 치어는 갑각류를 먹어요. 크기도 가리지 않는 편이에요. 보통 제 몸 크기의 3분의 1 정도 되는 먹이를 잡는 것으로 알려져 있어요. 일단 턱 속에 가둔 뒤, 먹이를 통째로 삼킨답니다. 냠냠!

말미잘 (Sea Anemone)

독을 쏘는 바다의 꽃

말미잘은 무척추동물이라 척추가 없어요. 게으른 해파리와는 사촌 뻘인데, 주로 움직이지 않고 해저에 붙어 있어요. 몸은 원통형으로, 몸 끝에 달린 입은 하늘거리는 깃 모양의 촉수로 둘러싸여 있어요. 말미잘을 '바다의 꽃'이라고 부르기도 해요. 예쁘고 얌전해 보이지만, 촉수에는 해파리처럼 독침 세포가 있어요. 이 독침 세포는 먹이를 잡는 데 사용돼요. 심해 말미잘은 지름이 30cm 정도로 상당히 큰 것으로 알려져 있어요. 또한 특이하게 끝이 둥근 희한한 촉수가 달려 있지요.

이상한 습관

심해 말미잘은 수심 5,000m 아래에서도 잘 살고 있어요. **이오삭티스 바가분다**(*Iosactis vagabunda*)라는 심해 말미잘은 얕은 바다에 사는 친척들과는 달라요. 이 부드럽고 끈끈한 생명체는 굴을 팔 수 있어요! 단순히 포식자로부터 몸을 숨기기 위한 작은 굴이 아니에요. 아주 천천히 진흙 퇴적물 속으로 내려갔다가 몇 시간 뒤에 다른 곳에서 튀어나오는 모습이 목격되었거든요!
이 괴상한 말미잘에 대해 더 알아내기 위해 과학자들은 서유럽 해안의 포큐파인 심해 평원에 저속 촬영 카메라를 설치한 뒤 수개월간의 촬영을 통해 그 움직임을 포착해 냈지요. 아마도 포식자를 피해 먹이를 구할 더 좋은 곳을 찾으려고 굴을 파는 습관이 생긴 것 같아요. 대부분의 심해 말미잘은 현탁물 섭식자(물속을 떠다니는 유기물 입자나 작은 동식물을 걸러 먹는 동물)이지만, 이 말미잘은 다모류라고 불리는 큰 갯지렁이를 잡는 장면이 찍히기도 했어요. 이 갯지렁이는 말미잘의 15배 크기로, 소화하는 데만 꼬박 하루가 걸렸답니다!

뭘 잡아 먹는다고?

말미잘은 몸이 부드럽고 대체로 움직임이 없는 무척추동물이에요. 하지만 빠르게 움직이는 물고기를 잡아먹는 말미잘도 있어요! 말미잘 가까이 헤엄쳐 온 운 없는 물고기는 촉수에 걸려 독침을 맞게 돼요. 몸이 마비된 사이, 물고기는 말미잘의 입 속으로 서서히 마지막 여정을 떠나지요. 놀랍게도 **녹색말미잘**(Giant Green Anemone)이 새끼 바닷새를 집어삼키는 장면이 목격되기도 했답니다!

수심 3000m에서 6000m

장새류 (Acorn Worm)

ENTEROPNEUSTA

장새류는 눈도 없고, 척추도 없고, 뇌도 없지만…… 그래도 땅 위의 뜰에 사는 벌레들보다는 우리 인간과 더 가까운 관계일 수 있어요! 111종이 존재하며, 가장 큰 종은 몸길이가 1.5m에 달해요.

화려한 색깔을 자랑해요

과거에는 **장새류**가 얕은 물을 좋아한다고 여겨졌지만, 잠수정 탐사를 통해 이제는 심해에도 생김새와 색깔이 다양한 약 20종의 장새류가 서식한다는 사실을 알게 되었어요. 깃 위로 도토리 모양의 '코'가 있고, 그 뒤로 벌레 같은 긴 몸이 있어요. 노란색, 주황색, 갈색, 흰색, 분홍색, 보라색으로 몸 빛깔이 다양해요. 도토리 '코'는 단순한 녀석도 있고 화려한 녀석도 있는데, 주름진 입술이 달려 있어요!

얕은 물에 사는 장새류는 유(U) 자 모양의 굴에서 지내면서 머리를 내밀고 먹이를 먹어요. 심해 장새류는 몸이 매우 부드럽고 섬세해서 굴을 파기가 힘들고, 대부분은 해저에 앉아 있어요. 해수면으로 끌어 올려지면 물컹한 몸뚱이가 흐물흐물해지는 탓에 연구하기가 힘들답니다! 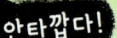 안타깝다!

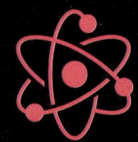

끝없이 변하는 과학

우리는 과학을 통해 세상을 이해하고 알아내요. 동물의 생김새와 행동을 알아내기 위해 관찰이나 실험을 하지요. 과학자들은 더 많은 관찰과 실험을 통해 끊임없이 우리의 지식을 발전시켜 나가요. 시간이 지나면 과학적 지식도 변한다는 사실을 기억해야 해요. 정보를 많이 얻을수록 지식도 발전하지요. 그러니 잊지 마세요! 앞으로도 세상에는 발견할 게 무궁무진하다는 것을요!

둥실둥실 떠올라…
점액 풍선을 타고!

장새류는 헤엄을 못 치지만, 해저 20m 위를 떠다니는 모습이 관찰되었어요. 특이하게도 '점액 풍선'을 만들어서 몸을 띄워요. 내장 속의 퇴적물을 비워서 몸을 가볍게 만들지요. 일단 몸이 떠오르면 해류를 타고 먹이를 찾아 새로운 곳으로 이동해요.

장새류는 우리의 사촌

몇몇 과학자들에 따르면 **장새류**와 인간은 일부 유전자가 똑같다고 해요. 그렇다면 언젠가는 우리도 이들처럼 손상된 신체를 재생시킬 수 있을지도 몰라요. 그럼 얼마나 좋을까요!

똥 자국

장새류는 입을 움직여 해저의 퇴적물을 퍼내요. 하와이 주변에 사는 보라색 장새류와 같은 종은 입술이 터무니없이 크고 오동통해요. 이 거대한 입술은 특히나 맛있는 퇴적물의 얇은 층을 먹을 때 유용하지요. 긴 몸을 이용해 유기물을 소화한 뒤, 나머지는 배설해서 길고 구불구불한 흔적을 남겨요.

더러워!

수심 3000m에서 6000m

초거대단각류
(Supergiant Amphipod)

ALICELLA GIGANTEA

과학계에 알려진 단각류는 그 종류가 1만 종에 가까워요. 게, 새우, 가재와 친척인 작은 갑각류로, 보통 몸길이가 채 1cm가 안 돼요. 작은 크기와 넓은 분포 때문에 흔히 바다의 곤충으로 알려져 있어요. 그러니 2011년 태평양의 심해에서 **초거대단각류**(길이가 약 30cm!)를 건져 올렸을 때 과학자들이 얼마나 놀랐을지 상상이 되지요?

사람을 먹는다고?

초거대단각류는 부패 중인 동물의 사체를 먹는다고 알려져 있어요. 그런데 만약 인간이 깊은 바닷속을 헤엄칠 수 있다면 이 거대한 생물들은 우리도 먹고 싶은 생각이 들까요? 2017년에 한 소년이 오스트레일리아 멜버른의 브라이튼 해변에서 수영을 하던 중 단각류 떼에게 공격을 당했어요! 상처는 작았지만 피를 꽤 많이 흘렸는데, 아마도 거머리처럼 혈액의 응고를 막는 물질을 만들어 낸 것 같아요. 수집된 표본을 조사한 빅토리아박물관의 과학자들에 따르면, 이러한 공격은 특이한 단각류의 행동으로, 소년이 먹이를 먹고 있던 무리 사이를 헤엄쳤던 것 같다고 해요.

물지 마!

초거대단각류는 신비주의자?

초거대단각류는 1899년에 처음 발견되었지만, 이후 100년 가까이 발견되지 않았어요. 이 비밀스러운 생물들은 눈에 잘 띄지 않아요. 그 이유가 뭘까요? 과학자들도 아직은 잘 모른답니다.

앨버트로스야, 조심해!

지금까지 기록된 가장 큰 **초거대단각류**는 몸길이가 34cm가 넘어요. 1983년, 열대 하와이 제도에서 **앨버트로스** 한 마리한테 큰일이 날 뻔했어요. 생각지 않게 큰 먹이를 삼켰던 거죠! 앨버트로스는 숨을 헐떡이며 초거대단각류를 토해 냈어요. 대체 이 거대한 녀석을 어떻게 잡았을까요? 심해에서 올라온 어떤 생물 사체에서 떨어져 나온 게 아닐까요?

꺽, 시원하다!

바다거미 (Sea Spider)

COLOSSENDEIS

작고 가느다란 몸에 아주 길고 뾰족한 다리가 달린 **콜로센데이스**(*Colossendeis*)는 바다거미의 일종이에요. 바다거미류 중 가장 큰 부류로, 모두 72종이 있어요. 지름 2m까지 자라며, 흔히 빗해파리를 잡아먹어요.

> 심해에는 거미가 없어서 다행이라고요? 천만에요!

수심 3000m에서 6000m

불 좀 켜 줄래요?

깊은 바다는 칠흑같이 캄캄한데 빛이 절실할 때 여러분이라면 어떻게 할까요? 직접 빛을 만드는 수밖에요! 이를 생물 발광이라고 불러요. **콜로센데이스**, 해파리, 물고기, 벌레와 불가사리를 포함해 많은 심해의 생명체들이 스스로 빛을 만들어 내요. 이러한 몸속의 전등 스위치는 의사소통, 먹이 활동, 짝짓기, 포식자에게서 몸을 지키는 일까지 어디든 쓸모가 많답니다.

플래너리 박사님의 탐험 수첩

빛이 흐르는 강

이따금 대도시 인근에서도 놀라운 생물 발광이 목격되기도 해요. 한번은 오스트레일리아 시드니 인근 혹스베리강에서 밤에 뇌우를 만난 일이 있어요. 꽤 무서웠지요. 뇌우는 잠잠해졌지만, 구름이 얼마나 짙은지 하늘이 빛 하나 없이 컴컴했어요. 배를 모는데, 바로 밑의 강물이 온통 환하게 빛났어요. 아주 작은 동물들이 빛을 내고 있었던 거예요! 그 옆을 물고기 떼가 지나는데, 그 빛에 물고기들의 눈까지 빛나더군요. 물 밑의 낡은 부두가 마치 폐허가 된 수중 도시처럼 보였답니다!

아름다워라!

바다돼지 (Sea Pig)

SCOTOPLANES GLOBOSA

분홍빛의 오동통한 녀석들에게 속지 마세요. **바다돼지**는 육지의 돼지와 전혀 관련이 없고, 놀랍게도 해삼의 일종이에요. 그런데 다른 해삼들과 차이점이 하나 있어요. 다리가 달렸답니다!

우아, 너무 귀여워!

바다의 베이비시터

몬터레이만수족관연구소에서 원격 조종 무인 탐사정(ROV) 2대를 캘리포니아만 앞바다의 해저로 보내 생명체가 드물고, 은신할 곳이 많지 않은 아주 평평한 지역을 관찰했어요. 이곳에서 **바다돼지**의 배에 매달린 새끼 왕게 떼를 발견했어요! 바다돼지를 타고 다니거나, 바다돼지를 이용해 포식자를 피해 몸을 숨기고 있었던 거예요.

취급 주의

부서지기 쉬워요

바다돼지는 육지 돼지와 비교하면 아주 작아요. 가장 큰 녀석도 15cm에 지나지 않아 손바닥에 쏙 들어갈 정도예요. 아주 연약해서 깊은 바닷속 서식지를 떠나면 몸이 분해되기 때문에 관찰하기가 몹시 어려운 동물이랍니다.

너에겐 내가 있잖아

바다돼지는 무리 지어 다녀요. 같이 놀 친구가 필요해서가 아니에요. 한 마리가 있으면, 그곳엔 당연히 먹이도 있기 때문이에요! 과학자들은 한 번에 바다돼지를 300마리에서 600마리까지 발견하기도 했어요. 모여 있을 땐 전부 한 방향을 향하는데, 아마도 해류를 따라 바다돼지들 쪽으로 흘러오는 먹이 때문일 거예요.

걸어 다니는 퇴비

바다돼지는 전 세계 모든 바다에서 발견되며, 통통한 다리로 진흙투성이의 해저를 떼 지어 다녀요. 청소동물로, 깊은 바닷속까지 떠내려오는 동물의 사체를 포함해 눈앞에 보이는 유기 입자라면 언제든 진공청소기처럼 먹어 치울 준비가 되어 있지요.
바다돼지가 먹은 미생물 덩어리 진흙은 소화 기관을 통과해 산소와 함께 똥으로 나와요. 이렇게 바다돼지들은 해저를 가로지르며 먹고 싸고 먹고 싸기를 반복하는 걸어 다니는 퇴비와도 같답니다. 우웩!

나처럼 걸어 봐

바다돼지는 다리가 6개 또는 8개 있는데, 실제로는 관족이 부풀어 오른 거예요. 관족은 친척인 불가사리와 성게, 거미불가사리류에서도 볼 수 있어요. 체액으로 가득 찬 대롱 같이 생긴 발을 움직여 이동하고, 먹고, 주변을 감지하거나 숨을 쉬어요. 관족은 필요에 따라 팽창과 수축이 가능해요! 머리끝에 달린 더듬이 모양의 돌기 2개도 다리예요. 이 '머리 다리'는 해저를 가로지르며 나아가거나, 맛있는 먹이를 찾는 데 사용되는 것 같아요.

수심 3000m에서 6000m

거미불가사리
(Brittle Star)

거미불가사리는 불가사리, 성게, 해삼, 연잎성게와 친척이에요. 우리에게는 불가사리가 더 친숙하지만, 바다에는 거미불가사리 종도 많답니다.(2,000종이 넘어요!) 전 세계 바다에서 볼 수 있으며, 그중 대다수는 깊은 바닷속에서 발견돼요. 불가사리처럼 생겼지만 딱 하나 큰 차이가 있어요. 움직이는 방식이 달라요.

아기의 탄생

거미불가사리는 보통 몸이 둘로 갈라지며 무성 생식을 해요. 갈라진 두 쪽은 2마리의 새로운 거미불가사리로 자라나요. 정말 놀랍죠!
유성 생식도 가능해요. 대부분의 종이 암수가 있어요. 어떤 거미불가사리들은 몸통 내부의 방 안에 새끼를 보관해요. 이를 '난포'라고 해요. 새끼들은 난포에서 안전하게 보호를 받다가 몸이 적당히 커지면 밖으로 기어 나와요! 그렇지만 대부분의 거미불가사리는 알이나 정자를 수관 밖으로 내보내 새끼를 만들어요. 이를 '산란'이라고 해요. 물속을 떠다니는 난자와 정자가 힘을 합쳐 아주 작은 아기 거미불가사리를 만들지요.

부탁인데, 나 팔 하나만!
몸통만 온전하면 **거미불가사리**는 떨어져 나갔거나 손상된 신체 부위를 금세 자라나게 할 수 있어요. 대단하죠! 이것을 재생이라고 해요.

생존의 위협

거미불가사리를 위협하는 가장 큰 요소는 심해저 채굴과 저인망 어업이에요. 모두 해저를 건드리는 일들이지요. 거미불가사리뿐만 아니라 다른 모든 동물들에게도 큰 위협이 되고 있어요.

넌 팔이 참 길구나!
지금까지 발견된 **거미불가사리** 중에는 길이가 각각 1m인 팔이 5개 달렸고, 몸의 지름이 2m가 넘는 녀석도 있었답니다!

🔍 밀착 취재

심해에서 발견된 최초의 동물

1818년 극지방 탐험가 존 로스(John Ross)는 북서 항로를 찾기 위해 북극을 탐험 중이었어요. 해저를 파내던 중 거미불가사리를 만나게 되리라고는 상상도 못 했지요. 심해에서 발견된 최초의 동물이었어요. 뱀 같은 긴 팔이 달린 녀석들이 배로 올라왔을 때 얼마나 놀랐을까요? 심해 괴물을 잡았다고 생각했을지도 몰라요!

엉덩이가 없어요

거미불가사리는 항문이 없어서 먹이를 찾아내기 위해 많은 양의 퇴적물을 소화할 수가 없어요. 그래도 식습관은 저마다 다양해요! 해저에서 떨어져 나온 작은 먹이 조각을 찾아 먹는 퇴적물 섭식자, 떠다니는 먹이를 긴 팔로 잡아서 걸러 먹는 현탁물 섭식자, 심지어 후각을 이용해 먹이를 찾는 심해 포식자도 있어요. 주로 갑각류 같은 작은 동물을 먹는데, 가끔은 오징어도 잡아먹어요!

우아!

이렇게나 많다니!

거미불가사리는 종종 거대한 군집을 이루며, 수백 m²에서 수천 m²에 이르는 해저를 뒤덮어요. 그 수가 100만 마리가 넘는 걸로 알려져 있답니다!

수영도 잘해요

거미불가사리는 길고 가는 다리를 이용해 바다 밑바닥을 밀며 앞으로 나아가요. 관족으로 종종거리며 움직이는 불가사리들보다 훨씬 속도가 빠르지요. 아예 헤엄을 치는 녀석들도 있어요. 우리가 수영장에서 헤엄칠 때와 똑같이 팔을 움직여서 물살을 가르며 헤엄친답니다!

수심 3000m에서 6000m

유령문어 (Ghost Octopus)

깊은 해저에서 유령을 봤던 걸까요? 아니요, 그 주인공은 완전히 새로운 종류의 문어랍니다! 무어라고 설명하기 힘든 이 투명한 문어는 최근에야 발견되어서 아직 학명이 없어요.

해저를 뒤지고 다녀요

과학자들은 **유령문어**가 뭘 먹고 사는지는 잘 모르지만, 다리를 이용해 해저의 갈라진 틈과 광물 덩어리 사이를 비집고 들어가는 광경을 목격했어요. 먹이를 찾아다니는 게 아닐까요?

가족 관계

심해 문어에는 두 가지 종류가 있어요. 그중 한 종류는 머리에 지느러미가 있고 빨판 주위로는 털이 난 문어예요. 다른 한 종류는 지느러미도, 털도 없는 문어이지요. 머리가 매끌매끌하고 둥글납작한 **유령문어**는 두 번째 종류에 속해요.

육아는 힘들어

섬뜩한 외모만으로는 충분치 않은 걸까요? 유령문어들은 죽은 해면의 줄기에 알을 낳아요! 이곳은 기온이 1.5℃ 정도로 매우 차가워요. 이러한 환경에서는 알이 부화하는 데 몇 년이 걸릴 수도 있어요. 엄마 아빠 **유령문어**들은 알이 부화할 때까지 충실히 보초를 서요. 알 곁을 떠나지 않을 뿐만 아니라 밥도 먹지 않아요. 그리고 포식자의 접근을 막고 물방울을 불어 물을 깨끗하게 만들지요. 심해 문어의 일종인 **그라넬레도네 보레오파치피카**(*Graneledone boreopacifica*)는 무려 4년 반 동안이나 알을 지켜 냈다고 해요! 정말 대단한 부모죠!

다정하기도 해라!

태평양 심해의 유령들

유령문어는 2016년에 처음으로 목격되었어요! 수심 4,300m 깊이의 바닷속에서 발견되었는데, 이런 종류의 문어가 이렇게 깊은 곳에서 발견된 것은 처음 있는 일이었어요. 무인 잠수정이 망간이 풍부한 하와이 제도 앞바다의 해저를 탐사하던 중에 발견했다고 해요.

통통하고 색깔이 없어요

문어는 두족류에 속해요. 오징어와 갑오징어도 두족류예요. 두족류의 몸에는 색소포라고 불리는 세포가 있는데, 아주 작은 색소들이 함유되어 있어서 풍부하고도 선명한 색을 띠게 만들어 줘요. **유령문어**는 색소포가 부족해서 유령처럼 투명하게 보인답니다.

심해저 채굴

망간은 해저 일부 지역에서 단괴*를 형성하는 광물이에요. 금속, 건전지, 페인트를 만들 때 유용하게 쓰이지요. 해면동물은 흔히 이러한 덩어리에 달라붙어 살아요. 망간과 같은 금속에 대한 수요가 늘면서 인간은 심해저의 단괴를 캐내고 있어요. 단괴와 그에 붙은 해면동물이 없어지면서 **유령문어**의 번식지도 위협받고 있어요.

* **단괴:** 퇴적암 속에서 특정 성분이 응축되어 주위보다 단단해진 덩어리.

수심 3000m에서 6000m

심해 산호 (Deep-Sea Coral)

열대 섬의 산호초 위에서 스노클링을 해 본 적 있나요? 그중엔 여러분이 아는 산호도 있을지 몰라요. 보기엔 바위 같아도 사실 산호는 살아 있는 아주 작은 유기체로 이루어져 있어요. 대부분 따뜻한 바다에서 살고, 유광층에서 바위 같은 암초를 이루며 한데 모여 사는 경우가 많아요. 산호가 살아가려면 대부분 빛이 꼭 필요한데, 그 이유는 **황록공생조류**라는 햇빛을 좋아하는 작은 생물과 공생 관계에 있기 때문이에요. 공생 관계는 종이 다른 두 생물이 서로 긴밀한 관계를 맺고, 이익을 주고받는 사이를 말해요. 황록공생조류는 산호의 단단한 가지 속에 살면서 햇빛을 이용해 에너지를 만들어요. 그런데 산호는 전 세계의 수심 2,000m 깊이의 춥고 캄캄한 바닷속에서도 발견돼요. 황록공생조류 없이요. **심해 산호**는 대단히 놀라운 모양을 이루는데, 그중에는 거대한 부채 모양과 위로 쭉 뻗은 기둥 모양의 산호들도 있어요.

심해 산호여, 영원하라!

심해 산호는 믿을 수 없을 정도로 느리게 자라는데, 1년에 몇 밀리미터밖에 자라지 않기도 해요. '지구에서 가장 나이 많은 해양 생물 상'을 받을 정도예요! 2009년, 과학자들은 하와이 심해의 각산호를 분석해 나이를 알아냈어요. 탄소 연대 측정법을 사용해서 가장 오래된 산호가 4,270살이라는 사실을 밝혀냈답니다!

유광층

햇빛을 받는 대양의 맨 위층을 '유광층'이라고 해요. '표층'이라고도 부르지요.

아늑하고 멋진 집

황록공생조류 말고도 **심해 산호**는 다른 많은 생물들의 아늑한 집이에요. 바닷가재와 어패류 모두 해류와 포식자를 피해 이곳으로 몸을 피해요. 산호를 산란장이자 새끼 물고기를 위한 놀이방으로 이용하는 물고기들도 있답니다.

수심 3000m에서 6000m

산호야, 조심해!

심해 저인망 어업, 석유와 가스 탐사는 산호들에게 막대한 영향을 끼쳐요. 산호는 해저에 붙어살기 때문에 저인망과 채굴은 산호의 서식지를 파괴할 수 있어요. 워낙 느리게 자라나는 동물이라 손상된 산호가 재생하는 데에는 수백 년이 걸릴지도 몰라요. 일부 **심해 산호**는 보석용으로 채집되어 개체 수가 감소할 위기에 처해 있어요.

기후 변화와 산호

기후 변화에 따른 기온 상승은 산호들에게는 큰 위협이에요. 대기 중으로 방출되는 과다한 이산화 탄소로 인해 기후가 점점 따뜻해지고 있어요. 공기 중의 이산화 탄소는 해양으로 들어가는데, 바다에서의 화학 반응으로 이산화 탄소의 일부가 산으로 바뀌어요. 이를 해양 산성화라고 해요. 산호는 탄산 칼슘이라는 구성 요소를 이용해 골격을 만들어요. 그런데 바닷물 속의 산은 탄산 칼슘을 파괴하고, 따라서 산호가 골격을 만드는 일이 더 어려워져요. 산호들만 걱정되는 게 아니에요. 산호를 집으로 삼는 다른 동물들도 마찬가지 아닐까요?

고래 사체와 침몰선

죽은 고래와 배는 더할 나위 없이 맛있는 식사는 아닐 것 같지만, 깊은 바다에서는 먹이를 구하기가 힘들다는 사실을 잊으면 안 돼요. 그 무엇도 그냥 허비될 수는 없지요. 참으로 기묘한 서식지에서 살아남기 위해 동물들은 저마다 갖가지 기발한 방법을 발달시켰어요. 기회가 있다면, 잡는 거예요. 바다 밑에는 우리가 생각하는 것보다 고래 사체들이 많아요(약 300만 마리). 침몰한 선박 수의 3배에 달하지요. 고래 사체와 침몰선은 이곳에 사는 동물들에게 훌륭한 뷔페를 만들어 주고, 동물들은 이 맛있는 부패의 현장에 도달하기 위해 먼 거리를 여행하지요.

바다 밑바닥에 가라앉은 고래 사체는 수십 년 동안 동물들의 먹이가 되며 고유한 생태계를 만들어 내요. '고래 뷔페'는 몇 단계로 나뉘는데, 단계별로 서로 다른 동물들을 초대해요.

첫 번째 손님은 빠르게 움직이는 상어와 먹장어와 거대등각류예요. 이들은 고래 사체를 뼈만 남기고 싹 먹어 치워요. 그 뒤를 이어 작은 생물들이 등장해요. 작은 박테리아와 갑각류와 벌레가 사체 주변의 해저를 살살이 뒤지며 맛있는 유기물 조각들을 찾아내지요. 일단 뼈가 드러나면 뼈를 먹는 오싹한 벌레들이 등장해요. 입도 없고 위도 없지만, 뼈를 파먹으며 잔치를 즐겨요. 이 책을 계속 읽다 보면 그 비밀을 알 수 있답니다! 뼈를 먹는 벌레들이 배를 채우고 나면, 마지막으로 작은 말미잘들이 와서 남은 뼈에 달라붙어 살아요.

침몰선도 놀라운 생명의 현장이 될 수 있어요. 바다 밑으로 가라앉은 배들은 심해의 암초와 같은 역할을 하는데, 단단한 구조물이 동물들에게 안전한 집이 되어 주고, 많은 생물들이 자라날 자리를 마련해 주어요. 몇몇 동물에게는 먹이를 제공하기도 해요. 이번 장에서 만나게 될 배좀벌레조개는 아무도 즐길 것 같지 않은 심해의 먹이, 바로 나무를 먹도록 진화한 기이한 생명체예요.

고래 사체와 침몰선은 지구상에서 가장 특이한 생태계 중 하나로, 여러 심해 생물들의 괴상하고도 훌륭한 서식지랍니다.

좀비벌레 (Boneworm)

OSEDAX PRIAPUS

뜰이나 밭에서 꿈틀거리는 벌레들을 본 적이 있을 거예요. 벌레들은 유기물을 분해하고 토양에 양분을 더해 주기 때문에 우리 생태계에 매우 중요해요. 그런데 비슷한 종류의 벌레가 바다에도 있을까요? 네! 2002년에 과학자들은 **좀비벌레**라고 불리는 새로운 종의 바다 생물을 찾아냈어요. '뼈벌레'라고도 하는데, 실제로는 몸에 뼈가 하나도 없답니다! 이 징그러운 벌레는 수심 3,000m 깊이의 고래 사체 위에서 잔치를 즐기는 모습이 처음으로 발견되었어요. 과학자들은 학명을 오세닥스(Osedax)라고 정했는데, 라틴어로 '뼈를 먹는다'라는 뜻이에요. 육지의 벌레들처럼 이들도 훌륭한 재활용가예요. 오래된 고래 뼈로 천연 거름을 만들어 내거든요. 관처럼 생긴 몸 끝에는 아름다운 깃털이 달려 있는데, 마치 물속에서 타조 깃털이 흔들리는 것처럼 보여요. 사실 이 깃털들은 아가미예요. 좀비벌레는 아가미로 주변에서 산소를 추출하지요. 열수구에 서식하는 **민고삐수염벌레**(76쪽 참조)와 친척이에요.

사이좋게 지내요
공생 관계는 서로 다른 두 종 사이의 상호 작용으로, **좀비벌레**와 박테리아처럼 서로 도우며 살아요.

심해의 재활용가

좀비벌레는 심해에서 없어서는 안 될 존재예요. 뼈를 먹음으로써 심해 생태계에서 양분의 순환에 중요한 역할을 하거든요. 이들이 만들어 낸 천연 거름은 이곳에 서식하는 다른 모든 동물들의 풍부한 먹이가 된답니다!

플래너리 박사님의 탐험 수첩

과학의 이름으로

좀비벌레를 연구하고 싶은데 고래 사체를 만날 때까지 무작정 기다리기는 힘들지요. 과학자들은 카메라와 함께 죽은 고래를 바다 밑바닥으로 가라앉혀서 녀석들이 뼈를 먹는 모습을 관찰하기도 해요. 이런 방식으로 새로운 종을 많이 발견하지요. 나는 그동안 고래 뼈와 골격을 연구할 기회가 많았어요. 세계 곳곳을 다니면서 직접 목격하거나 박물관의 소장품을 통해서요. 그런데 실제로 좀비벌레를 보지는 못했답니다!

뼈가 최고야!

· 고래 뼈 ·

넌 몸이 정말 작구나!

좀비벌레는 암컷보다 수컷이 더 많다는 사실을 아나요? 암컷의 축소판인 수컷이 몸집이 큰 암컷의 몸속에 무리 지어 살기 때문이에요. 일부 종은 수컷이 암컷보다 10만 배나 작아요. 인간으로 치면 아빠가 찻숟가락의 절반 정도 크기밖에 안 된다는 뜻이지요! 암컷 한 마리의 수관 속에서 수컷이 100마리 넘게 발견된 적도 있어요. 수컷은 제대로 성장할 수가 없어요. 암컷의 몸을 벗어난 크고 넓은 세상에서는 살아남지 못할 거예요.

아주 특별한 식사

좀비벌레는 고래의 지방을 먹기 위해 고래의 뼈 속으로 파고들어요. 그런데 좀비벌레는 위도, 입도 없어요. 아예 소화 기관이 없지요! 그럼 어떻게 먹을까요? 해답은 박테리아와의 공생 관계에 있답니다. 이 박테리아는 숙주를 위해 뼈로 만든 수프를 요리하고 소화까지 다 시켜 줘요. 더 희한한 사실은 이 유용한 박테리아가 좀비벌레의 '뿌리' 속에 산다는 거예요. 좀비벌레는 엉덩이에서 돋아난 뿌리로 고래 뼈에 몸을 붙여요. 뿌리는 소화가 시작될 수 있도록 뼈 속 깊이 침투해요. 참 놀랍죠? 그러니 이 매혹적인 생물을 발견한 과학자들이 흥분한 건 당연하지요. 2002년 이래로 20종 이상이 새롭게 발견되었어요.

배좀벌레조개 (Shipworm)

TEREDINIDAE

배좀벌레조개는 사실 벌레가 아니라 쌍각류 연체동물이에요. 다시 말해, 껍데기 2장이 짝을 이루고 있고, 굴이나 홍합 같은 동물들과 친척이라는 뜻이에요. 몸이 아주 커서 최대 180cm 까지 자라기 때문에 껍데기에 다 들어갈 수 없을 정도예요! 전 세계의 깊은 바다뿐만 아니라 얕은 바다에도 살아요.

밥이 너무 질겨요

나무는 아주 맛있지도 않고, 그렇다고 소화가 쉬운 음식도 아니에요. 그래서 **배좀벌레조개**가 나무에서 양분을 얻으려면 도움이 필요해요. 녀석의 아가미 속에 사는 특이한 박테리아가 바로 그 주인공이지요. 이 아주 작은 도우미들은 배좀벌레조개가 먹을 수 있게 나무를 잘게 부수어 줘요.

몸속에 미생물이 산다고?

인간도 미생물의 도움을 받아 소화를 해요. 인간의 장 속에도 미생물이 1,000종 이상 서식하고 있답니다!

꿈틀꿈틀 세상으로 나아가요

배좀벌레조개는 약 65종이며, 종마다 생활 방식과 번식법이 다양해요. 먼바다에는 나무가 흔치 않아서 침몰한 배 같은 목재를 보게 되면 많은 종의 배좀벌레조개들이 모여 있는 다양한 공동체를 만날 가능성이 커요. 이들은 나무를 먹기도 하고, 피난처로도 사용해요. 배좀벌레조개들이 한꺼번에 파고들면 난파선을 완전히 씹어 먹는 데는 오랜 시간이 걸리지 않아요. 다행히 번식이 빠르고, 떠다니거나 가라앉은 나무를 찾아 유생을 멀리멀리 보낼 수 있어요. 이 작은 녀석들은 단단한 것과 마주치기를 바라며 바닷속을 떠다녀요. 나무 집인지 확인시켜 줄 화학 물질을 찾고 나면 그 자리에 정착하지요.

달갑지 않은 손님

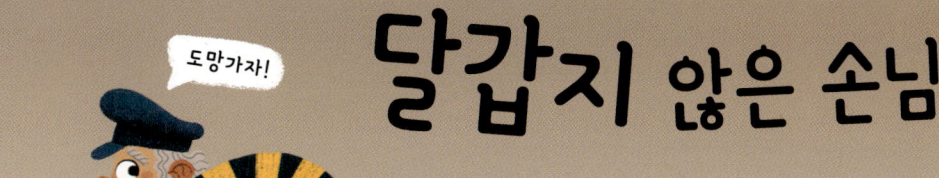

"도망가자!"

물론 배좀벌레조개는 선원들이 반가워할 친구는 아니에요. 나무로 된 선체를 좋아하니 달갑지 않은 손님이지요. 사실, 이 얌전한 파괴자들은 해마다 10억 달러(약 1조 3,000억 원) 이상의 손실을 일으키고 있답니다.

"세상에!"

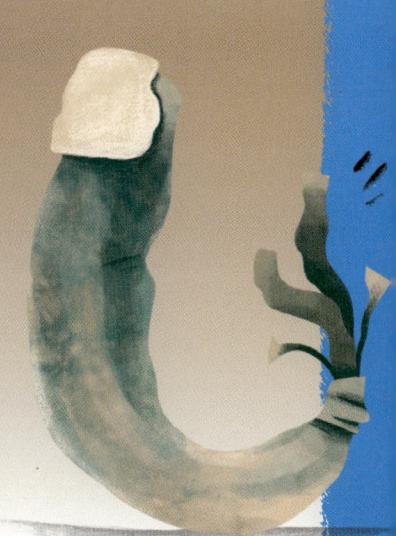

남다른 껍데기

배좀벌레조개의 껍데기는 길쭉한 몸의 머리끝에 있어요. 다른 쌍각류들이 껍데기를 보호용으로 쓰는 것과 달리, 배좀벌레조개는 먹이를 먹을 때 사용해요. 껍데기 표면에 이빨처럼 솟아나온 부분들이 나무를 갉아 내고 파먹는 이빨 역할을 하지요.

🔍 밀착 취재

오래된 골칫거리

이탈리아의 탐험가 크리스토퍼 콜럼버스는 1504년 **배좀벌레조개**들에게 여러 척의 배를 잃었어요. 콜럼버스와 선원들은 구멍이 숭숭 뚫린 배로 힘겹게 해안으로 돌아갔어요. 구멍이 얼마나 많이 났던지 배가 커다란 벌집처럼 보일 정도였지요! 수천 년 전에 살았던 로마인들도 녀석들에게서 배를 보호하기 위해 배에 타르를 발랐다고 해요.

나무 좀 드실래요?

배좀벌레조개가 좋아하는 음식은 딱 하나, 바로 나무예요. 나무는 땅에서 자라는데 바다 생물이 나무를 좋아한다니 이상해 보이죠? 배좀벌레조개는 먹기 위해서만이 아니라 생애 주기의 완성을 위해서도 나무가 필요해요. 그럼 이 나무들은 다 어디서 오는 걸까요? 해안의 목재는 바다로 떠내려와요. 폭풍을 만나면 아주 큰 나무들이 떠내려오기도 하고요. 이 나무들은 결국 물에 잠겨 바다 밑바닥으로 가라앉아서 배좀벌레조개에게 붙잡히는 신세가 되지요. 난파선은 녀석들이 가장 좋아하는 먹이이지만, 물 위를 떠다니는 코코넛도 아주 좋아해요. 왜 이들은 나무를 먹도록 진화했을까요? 답은 딱 하나. '나무를 먹을 수 있으니까!'예요. 남들은 하지 못하는 삶을 살아갈 기회를 동식물은 결코 놓치는 법이 없답니다.

거대등각류 (Giant Isopod)

BATHYNOMUS SPP.

밖에서 놀다가 돌멩이나 통나무를 뒤집었더니 통통한 벌레가 나온 적이 있나요? 쥐며느리라고 불리는 이 작은 육지 갑각류는 사실 등각류의 일종이에요. 깊은 바닷속에 가면 훨씬 큰 사촌인 **거대등각류**가 있어요. 이들은 대서양, 태평양, 인도양에서 볼 수 있어요. 거대등각류는 몸길이가 76cm에 이르며, 수심 2,500m가 넘는 깊은 바다에 사는 것으로 알려져 있어요. 대부분이 청소동물이에요. 어둡고 찬 해저를 기어 다니며, 위에서 맛있는 게와 벌레 조각들이 떨어지기를 끈기 있게 기다려요. 가끔 운 좋게 죽은 고래를 만나기도 해요. 꿈같은 만찬이죠! 수많은 거대등각류들이 고래 사체에 올라타서 일제히 포식 중인 광경이 목격되기도 했어요.

공이야, 벌레야?
거대등각류는 위험을 감지하면 몸을 공처럼 동그랗게 말아요.

배가 터지도록 먹어요

거대등각류는 먹이 없이도 오랫동안 생존할 수 있어요. 거대한 고래 사체를 자주 만나긴 힘들어서 한 번 먹을 때 잔뜩 먹을 때가 많거든요. 어떤 녀석들은 너무 많이 먹어서 잘 움직이지도 못한답니다!

커다란 알

등각류는 알을 낳아 번식해요. 암컷은 부화를 기다리는 사이 한 번에 알을 최대 30개까지 저장할 수 있는 주머니가 있어요. 알 한 개의 길이가 1.3cm에 달해서 과학자들은 해양 무척추동물 중에서는 가장 큰 알에 속한다고 보고 있어요.

눈과 더듬이 덕분이야

거대등각류는 눈이 커서 깊은 바닷속에서도 잘 볼 수 있어요. 또한 몸 크기의 절반에 가까운, 발달된 긴 더듬이 덕분에 먹이를 찾을 때도 사방을 잘 더듬으며 나아갈 수 있지요.

파리지옥말미잘
(Venus Flytrap Anemone)

ACTINOSCYPHIA SP.

심해 말미잘의 하나인 **파리지옥말미잘**은 멕시코만의 난파선에서 처음 발견되었어요. 북대서양과 동대서양에서도 발견되었어요. 이 아름다운 주황색 말미잘은 해저나 침몰선에 딱 붙어서 몸통과 촉수를 흔들어 대요. 곤충을 먹는 식충 식물인 파리지옥과 매우 닮았지요! 파리지옥이 잎을 닫아 파리를 잡듯이, 파리지옥말미잘도 2줄로 된 촉수를 닫아 먹이를 가둬요. 첫 발견 당시, 녀석은 특이하게도 낡은 총과 요강에 붙어 있었다고 해요. 요강은 옛날에 방에 두고 오줌을 누던 그릇이랍니다!

냠냠! 맛있다!

먹장어 (Hagfish)

MYXINI

심장은 3개, 뇌는 2분의 1개, 턱이나 척추는 없고, 혀에 이빨이 4줄로 나 있는 동물은? **먹장어**예요! 몸이 길고, 매끄럽고, 끈적끈적한 먹장어는 그저 기이하지요. 몸길이는 4~127cm이고, 태평양과 대서양부터 멕시코만과 지중해까지 전 세계 바다에서 발견돼요.

아직도 배가 안 고파?

먹장어는 믿을 수 없을 정도로 신진대사가 느려서 아무것도 먹지 않고 7개월 가까이 버틸 수 있어요.

씹느냐, 마느냐

먹장어는 썩어 가는 사체 속에서 피부와 아가미를 통해 양분을 흡수할 수 있어요.

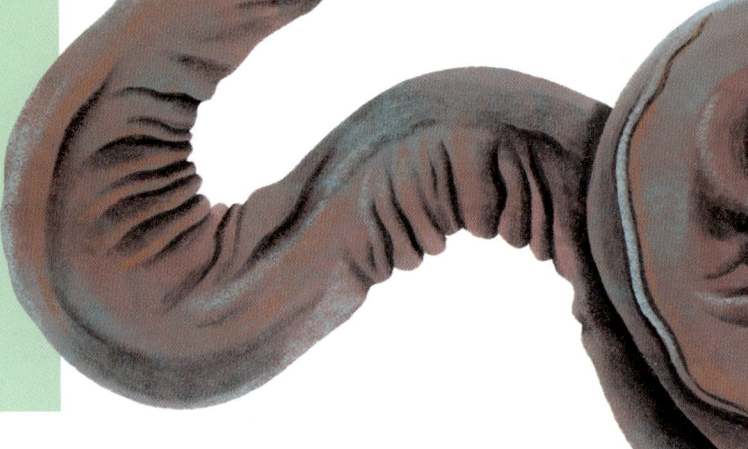

정말 기이한 녀석이야

먹장어는 76종이 있으며, 과학자들은 먹장어를 생명의 나무에서 어느 곳에 두어야 할지 몰라 난감해하고 있어요.
동물은 크게 척추동물과 무척추동물로 분류돼요.
▶ 척추동물은 몸에 척추와 골격이 있어요. 인간, 개, 고래, 물고기 등이 해당해요.
▶ 무척추동물은 척추가 없고, 벌레나 해파리처럼 단단한 부분이 전혀 없는 동물도 있어요.(딱정벌레나 게와 같은 일부 무척추동물은 몸 외부에 딱딱한 껍데기가 있어요. 달팽이와 굴처럼 보호용 껍데기가 있는 동물도 있어요.)

먹장어는 척추가 없는데도 척추동물일까요? 아니면 무척추동물과 척추동물 사이 어딘가의 고유한 집단으로 분류해야 할까요? 과학자들이 연구한 결과, 이 이상한 동물은 특별한 종류의 원시 척추동물일 가능성이 큰 것으로 나타났어요. 원시 생명체란 오래전에 살았던 조상들의 신체 특징을 그대로 지니고 있는 생물을 말해요.

점액, 점액, 끝없는 점액

먹장어는 위협을 받으면 끈끈한 점액을 많이 만들어 내기로 유명해요. 이 점액은 몹시 미끈거리고, 한번 배출되면 찻숟가락 하나 정도였던 양이 1만 배나 불어나는데, 큰 양동이를 하나 가득 채울 정도예요! 먹장어는 겁 없이 다가오는 물고기의 아가미를 점액으로 꽉 막아 버려요. 점액이 하도 많아서 잘못하다간 먹장어까지 질식할 수가 있어요. 먹장어는 자신의 점액을 주체하지 못할 때에는 재채기를 해서 콧구멍을 통해 밖으로 내보내요. 점액이 얼굴로 흐르지 못하도록 관 같은 몸을 매듭처럼 만들어 장벽으로 이용하기도 해요.

난 너를 느낄 수 있어

먹장어는 앞이 거의 보이지 않아요. 특별한 감각 촉수가 있는데 굳이 눈이 필요할까요? 먹장어는 입 주변에 난 이 촉수들을 사용해 먹이를 찾아요. 후각을 이용해 사체를 찾거나 살아 있는 벌레를 잡아먹기도 하고요. 일단 먹이를 발견하면(죽은 고래일 때도 있어요) 몸속 깊이 파고들어 이빨이 돋아난 혀로 살점을 뜯어내요. 다음번 식사 초대 손님 목록에서 먹장어는 빼야 할 것 같죠?

가장 끈적끈적한 사고

2007년, 미국의 한 고속 도로에서 살아 있는 먹장어 수천 마리를 싣고 가던 트럭이 충돌 사고를 일으킨 일이 있어요. 놀란 먹장어들이 도로 위로 어마어마한 양의 점액을 쏟아 내는 바람에 운 없는 차 몇 대가 점액을 왕창 뒤집어썼지요. 사방이 온통 점액이었어요! 미끈거리는 점액 막을 뚫고 차에서 탈출한다고 상상해 보세요!

먹장어 화석

3억 년 동안 먹장어는 거의 변함이 없었어요. 유일하게 알려진 먹장어 화석도 오늘날의 먹장어와 매우 비슷하답니다.

오늘은 나의 날!

10월 셋째 주 수요일은 세계 먹장어의 날이에요. 이 날만큼은 겉모습에 가려진 아름다움을 찾아보면 어떨까요? 또 세상의 모든 동물, 그중에서도 못생긴 동물들을 아끼고 보살피기로 해요!

끔찍해!

고래 사체와 침몰선

심해 말미잘
(Deep Sea Anemone)
ANTHOSACTIS PEARSEAE

2002년, 아주 희한한 곳을 집으로 삼은 **말미잘**이 발견되었어요. 캘리포니아 몬터레이만 인근 수심 3,000m 깊이의 고래 사체 속이었죠. 이 말미잘은 이곳에서만 발견되었고, 학명(*Anthosactis pearseae*) 말고는 따로 이름이 없어요. 키가 작고 통통하며 하얀색이나 연분홍색을 띠는데, 물살을 따라 움직이는 뭉툭한 촉수가 있어요. 어금니와 아주 비슷하게 생겼지요! 고래 뼈에 붙어 있는 모습이 발견된 뒤로 더는 발견된 적이 없는 것으로 보아 고래 사체 속을 좋아하는 것 같아요.

앞으로도 발견될 게 정말 많아요!

내 이름은 무엇이 될까요?

유령은상어 (Ratfish)

HYDROLAGUS

머리는 큰 상자 모양에 꼬리는 쥐 꼬리를 닮았어요. 큰 눈이 2개 있고, 몸길이는 최대 60cm에 달해요.

상어와 가까운 친척인 **유령은상어**는 골격이 인간의 코처럼 부드럽고 유연한 연골로 이루어져 있어요.
해저 인근에 살면서 벌레와 조개를 찾아 바닥을 천천히 헤엄쳐 다니는 포식자예요. 다른 유령은상어도 잡아먹는다고 알려져 있어요! 뭐니 뭐니 해도 고래 사체에서 나오는 썩은 고래 살이 최고이긴 하지만요.
유령은상어는 후각과 전기 수용 능력으로 먹이를 찾아요. 전기 수용이란 아주 놀라운 초감각이에요. 동물들은 움직일 때 전기 신호를 보내요. 어떤 동물들은 몸에 있는 특별한 감지기로 이러한 신호를 감지해 내지요. 전기는 공기보다 물에서 더 잘 이동하기 때문에 전기 수용 능력은 주로 수중 동물들에게서 발견돼요. 전기 수용 능력은 먹이를 찾을 때뿐만 아니라 포식자를 피하고 짝을 찾는 데도 사용돼요. **훌륭해!**

위협받는 고래 사체 생태계

고래잡이로 고래의 수가 과거의 6분의 1로 줄어서 심해에서 고래 사체를 보기도 그만큼 어려워졌어요. 이에 따라 고래 뼈를 먹고 사는 몇몇 생물들의 멸종이 이미 시작되고 있는지도 몰라요.

해구

대양의 해구는 세계에서 가장 탐구되지 않은 생태계예요. 가기도 힘들지만, 수압이 어마어마하기 때문이에요. 해구는 초심해대로도 알려져 있으며, 수심 6,000m에서 1만 1,034m에 이르기까지 대양의 가장 깊은 곳들은 모두 이곳에 속해 있어요. 얼마나 깊은지 이해를 돕기 위해 덧붙이자면, 지구에서 가장 높은 건물은 800m가 조금 넘고, 에베레스트산의 높이는 겨우 8,848m랍니다!

대양의 해구는 길고도 좁아요. 이곳은 가장 오래되고도 가장 차가운 해저가 다시 지구로 되돌아가는 곳이에요. 심해 열수구에서 새로운 해저가 탄생하듯이, 가장 오래된 해저는 대양의 해구 속에서 생을 마감해요.

해구는 수압이 너무 높아 과학자들이 가기가 어려워요. 그래서 그물을 아래로 아래로 내려서 머나먼 해저의 생명체들을 잡아 올려요. 그런데 이렇게 깊은 바닷속에 사는 생명체들은 대개 몸이 연하고 섬세해서 해수면으로 올라오기까지의 상황을 잘 감당해 내질 못해요. 수면 위로 몇 킬로미터 옮겨질 즈음이면 형체가 알아보기 힘들게 되는 경우가 많지요. 해구의 생명체는 연구하는 일이 워낙 어렵다 보니 발견된 동물이 해당 종의 유일한 개체일 때도 있어요. 이곳 동물들의 생활에 대해서는 아직도 알아내야 할 사실들이 많아요.

지난 수십 년 동안 인간은 심해를 촬영하기 위해 소형 잠수정을 내려보냈어요. 이를 통해 과학자들은 동물들의 행동 방식 말고도 기이하고 멋진 새로운 종들을 발견해 냈지요. 무인 탐사정(ROV)으로 불리는 로봇을 이용하기도 하지만, 작은 잠수정 속에 비집고 들어가는 모험심 넘치는 사람들도 있어요. 아무리 겁이 나도 미지의 영역을 탐험하겠다는 열정을 간직한 탐험가들 말이에요! 아무도 그 존재를 모르는 심해 생물을 내 눈으로 직접 본다고 상상해 보세요.

이들 중에는 〈타이태닉〉과 〈터미네이터〉 같은 영화를 만든 제임스 캐머런 감독도 있어요. 또 다른 탐험가로는 미국인 사업가 빅터 베스코보를 꼽을 수 있는데, 그는 잠수정을 타고 가장 깊은 바닷속(수심 1만 927m)으로 내려간 기록을 보유하고 있답니다!

초심해꼼치 (Hadal Snailfish)

PSEUDOLIPARIS AMBLYSTOMOPSIS

초심해꼼치는 지금껏 해수면으로 가져와 연구한 물고기들 가운데 가장 깊은 바닷속에서 잡은 물고기로 유명해요. 수심 8,000m가 넘는 바닷속에서 발견되었거든요. 참 희한하게 생긴 녀석이에요. 이렇게 깊은 바다에서는 물고기들의 생김새가 확실히 달라요. 심연에 사는 물고기들에게 흔한 비늘과 거대한 이빨은 사라졌어요. 대신 이 물고기는 몸이 분홍빛에 미끄럽고 젤리 같아요. 또 골격이 매우 연하고, 두개골 일부가 열려 있어요. 두 가지 모두 극심한 심해의 수압을 이겨 내는 데 유용하지요.

놀랐지!

2008년 이전에는 자연 서식지에 사는 **초심해꼼치**가 목격된 적이 없었어요. 과학자들이 연구용으로 쓰는 소금에 절여 말라 비틀어진 표본이 전부였지요. 초심해꼼치가 카메라 주위에서 먹이를 먹고 헤엄쳐 다니는 모습은 놀라울 정도로 활동적이었어요. 과학자들은 깜짝 놀랐어요. 엄청난 수압 탓에 혼자서 느릿느릿 다닐 줄 알았거든요. 이들이 이러한 수압에서도 활달하게 움직이는 비밀을 알아내기 위해 과학자들은 지금도 연구 중이에요.

그 아래에도 먹을 게 있어?

심해에서 포획한 **초심해꼼치**의 위장 속 내용물을 살펴본 과학자들은 녀석들이 굶주리지 않는다는 사실을 알았어요. 배 속이 작은 갑각류로 가득 차 있었거든요! 죄다 마카로니처럼 말려 있는 모습이 꼭 뜰이나 밭에서 볼 수 있는 벌레들 같았다고 해요.

부끄러워!
몸이 너무 투명해서 몸속 장기들이 훤히 보여요!

깊고 깊은 세계의 해구들

해구명	위치	깊이
마리아나 해구 (세계에서 가장 깊은 해구)	괌섬 인근 서태평양	11,034m
통가 해구	뉴질랜드와 통가 사이 남서태평양	10,800m
필리핀 해구	필리핀 동쪽 서태평양	10,057m
이즈-오가사와라 해구	일본에서 남쪽으로 뻗은 서태평양	9,780m
푸에르토리코 해구 (대서양에서 가장 깊은 해구)	푸에르토리코 인근 대서양과 카리브해 사이의 경계	8,605m
사우스샌드위치 해구	사우스샌드위치 제도 인근 남대서양	8,325m
페루-칠레 해구	남아메리카 연안 동태평양	8,170m
일본 해구	일본 동부 연안 서태평양	8,130m
알류샨 해구	알래스카 남쪽의 알류샨 열도 인근 북태평양	8,109m

수심 6000m에서 1만 1034m

극한 수압 속에서 살아남기

칠흑 같은 어둠과 얼어붙을 듯한 수온은 물론이고, 해구에서의 삶은 엄청난 수압을 견뎌야만 해요. 에펠 탑을 머리에 이고 산다고 생각해 보세요. 해구 속 생명체들이 얼마나 큰 수압 속에서 살아가는지 알겠죠? 이렇게 깊은 곳에 내려가면 우리는 팬케이크처럼 납작해질 거예요.

심해 해삼 (Abyssal Sea Cucumber)

PROTOTROCHUS BRUUNI

해삼은 기술된 종만 1,250종에 이르러요. 이들 중 다수는 깊은 바닷속에 살아요. 사실, 심해 생명체의 95% 이상을 해삼이 차지하고 있답니다! 이 연하고 채소처럼 생긴 생물들은 초심해대에서도 흔히 발견돼요.

엉덩이로 숨을 쉬어요

해삼은 다른 동물들과는 달리 항문으로 숨을 쉬도록 진화했어요. 폐가 엉덩이 밖으로 튀어나와 있지요! 어떤 해삼은 특히 엉덩이가 넓어서 그 공간을 집으로 삼으러 들어가려는 물고기들도 있어요. 내 엉덩이에 다른 물고기가 숨어 사는 걸 좋아하는 동물이 있을까요?

멈춰, 움직이면 쏜다!

해삼에게는 흥미로운 방어 기술이 있어요. 겁을 먹으면 가느다랗고 끈적끈적한 섬유를 토해 내 적을 꽁꽁 감아 버려요. 이 실은 본래 크기의 20배까지 늘어날 수 있어서 제거하기가 아주 곤란해요. 정말 화가 나면 엉덩이에서 내장을 발사해 버릴 수도 있어요! 위험이 사라지면 내장은 쉽게 재생할 수 있답니다.

심해의 춤꾼

해삼은 대부분 엄청난 양의 퇴적물을 삼키며 해저 위를 느릿느릿 움직여요. 그런데 오랫동안 과학자들은 이들 가운데 비밀리에 곡예 수영을 하는 녀석들이 있다고 생각했어요. 헤엄치기에 적합한 여러 신체 특징이 있는 이 해삼은 1891년에 처음으로 포획되었어요. 하지만 이 대단한 체조 선수는 2017년이 되어서야 텀블링을 하는 장면이 카메라에 잡혔지요. **펠라고투리아 나타트릭스**(Pelagothuria natatrix)는 세계에서 유일하게 계속 헤엄을 치는 해삼으로 알려져 있어요. 촬영된 장면은 정말 놀라워요. 호리호리한 보랏빛 몸뚱이 끝에 우아한 우산 같은 것이 달려 있는데, 이 우산으로 마치 해파리처럼 나풀나풀 움직인답니다.

바다에 다람쥐가 산다고?

다람쥐해삼(Gummy Squirrel)은 심해 해삼의 일종으로 마치 다람쥐 꼬리 같은 두툼한 부속 기관 때문에 붙여진 이름이에요. 80cm까지 자라며 커다란 입술로 먹이를 먹어요. '꼬리'는 일종의 돛처럼 쓰여서 해저에서 튀어 오르는 데 도움이 돼요.

넌 얼마나 내려갈 수 있어?

심해 해삼은 해저 1만 687m에서 발견된 기록이 있는데, 이런 종류의 생물로는 가장 깊은 위치예요! 마리아나 해구의 해삼들은 해저의 퇴적물을 따라 기어 다니지 않고 여과 섭식을 해요. 여과 섭식이란 다량의 바닷물을 걸러서 주변에 떠다니는 작은 먹이 조각을 찾아내 먹는 방식을 말해요. 입 주변의 특수한 관족을 해류 속으로 쭉 내밀어 배를 채우지요. 관족은 이동과 식사, 감지나 호흡을 위해 사용할 수 있는 체액으로 채워진 관이에요.

수심 6000m에서 1만 1034m

초심해 물고기 (Deepest Fish)
ABYSSOBROTULA GALATHEAE

부은 주둥이와 작은 눈을 가진 **아비소브로툴라 갈라테아이**(*A. galatheae*)는 지금까지 발견된 물고기 중 가장 깊은 곳에 사는 물고기라는 기록을 보유하고 있어요. 첨칫과의 일종으로, 1970년 푸에르토리코 해구의 수심 8,370m 깊이에서 발견되었어요.

많아야 안전해

아비소브로툴라 갈라테아이에 대해서는 알려진 사실이 거의 없지만 다른 첨칫과와 비슷한 방식으로 번식하지 않을까 생각돼요. 찐득한 덩어리 속에 알을 방출한 뒤, 이 덩어리를 물속으로 띄워 보내요.

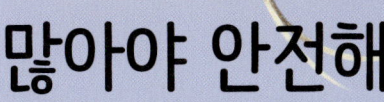

발견된 것 중 가장 큰 물고기는 몸길이가 약 16cm예요.

알루미늄단각류 (Aluminium Amphipod)

HIRONDELLEA GIGAS

대부분의 갑각류는 수심 4,500m 이하의 깊이를 견디지 못해요. 극심한 수압이 아니더라도 산도의 증가로 몸이 녹을 수 있거든요. 그렇게 깊은 곳에서 생존이 가능한 유일한 단각류가 바로 **알루미늄단각류**예요. 알루미늄단각류는 마리아나 해구, 필리핀 해구, 이즈-오가사와라 해구를 포함해 전 세계 여러 해구에서 발견돼요.

작은 표본
단각류 중에는 아주 작은 것들도 있어요. 챌린저 해연에서 포획된 녀석들은 몸길이가 3cm에 불과했답니다.

해구

못처럼 단단해요

앞에서 **초거대단각류**(90쪽 참조)를 만나 보았지만, 알루미늄 갑옷을 입은 단각류는 아니었지요! 알루미늄단각류는 가장 깊은 해저 중 하나인 챌린저 해연 밑바닥에서 발견되었으며, 못처럼 단단해요. 심해에서는 알루미늄이 쉽게 발견되지 않지만, 해저의 퇴적물에는 알루미늄이 풍부해요. **알루미늄단각류**는 이 퇴적물을 삼키기 때문에 철통같은 갑옷에 적합한 알루미늄을 얻을 수 있어요. 세상에서 가장 혹독한 서식지에서 살아남기 위한 생물들의 처절한 노력이 정말 놀랍지 않나요!

훌륭한 적응

적응이란 환경에 맞게 생김새나 행동을 바꾸는 것을 말해요. **알루미늄단각류**는 적응을 잘 해냈지요. 땅바닥에서 금속 조각을 먹고, 그 조각을 전신 갑옷으로 바꿀 수 있다니, 참 대단하죠!

굉장해!

삼천발이 (Basket Star)

빙빙 꼬이고 휘감기는 발이 달린 **삼천발이**는 생김새가 아주 복잡해요. 5개의 발에서 잘게 갈라진 발이 3,000개 이상 된다고 해서 이런 이름이 붙었어요. 발은 1m까지 자랄 수 있으며, 먹이를 잡을 때 사용하는 날카로운 갈고리가 달려 있어요. 일단 잡은 먹이는 발을 이용해 조심조심 동굴 같은 입 속으로 가져가요. 보다 화려하고 발이 많긴 하지만, 거미불가사리의 일종이랍니다.

심해 괴물

2016년, 마리아나 해구 탐험 당시 **고르고노케팔루스**(*Gorgonocephalus*)라는 희귀한 삼천발이가 발견되었어요. 머리에 머리카락 대신 뱀이 자라는 그리스 신화 속 괴물인 고르고네스를 닮았다고 해서 붙여진 이름이에요.

우리는 최후의 미개척지마저 망가뜨리고 있는 걸까?

심해는 완전한 미개척지에 가깝지만, 그렇다고 훼손되지 않은 것은 아니에요. 인간은 치명적인 독소에서부터 선박에 이르기까지 다양한 물질을 심해에 마구 쏟아부었어요. 선박은 아무 때고 바다에서 길을 잃는 일이 생겨요. 화물과 공해성 연료를 실은 많은 배들이 바다 밑으로 가라앉아요. 설상가상으로 1972년까지는 화학 무기를 포함해 불필요한 무기를 바다에 버리는 일도 흔했어요. 영국만 해도 13만 7,000톤의 화학 무기를 바다에 버렸고, 그중 일부는 여전히 해저에 남아 있어요.

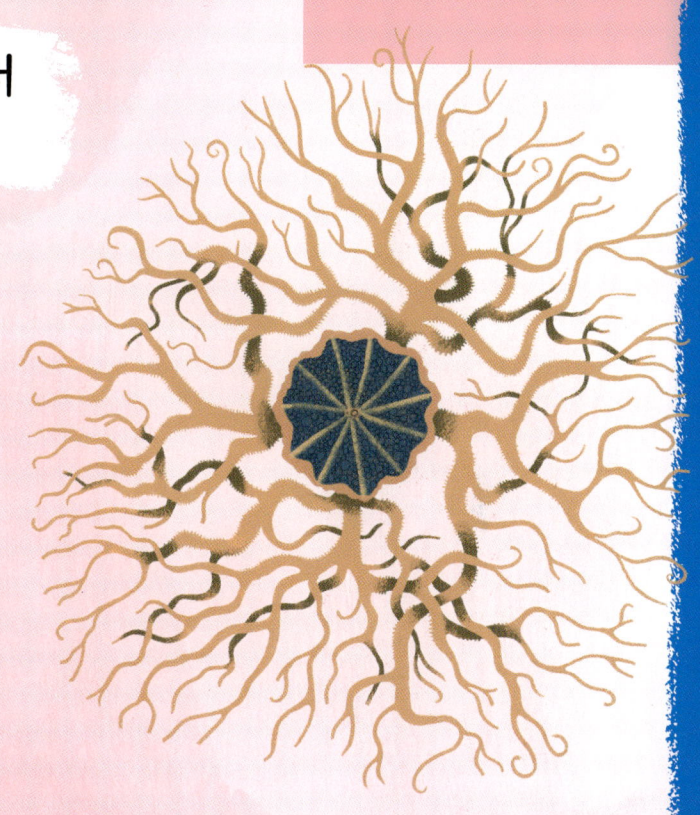

플라스틱은 안 돼요!

플라스틱 잔해는 심해의 생물 다양성을 위협하는 가장 큰 존재 중 하나로, 수심 6,000m가 넘는 해저에서도 흔히 발견돼요.

바다를 오염시키는 물질은 환경에 해가 되는 화학 물질들이에요. 플라스틱을 포함해 그 출처가 매우 다양해요. 가장 깊은 해구까지도 인간의 활동으로 인한 오염 물질이 쌓일 수 있어요. 과학자들이 마리아나 해구의 단각류들을 확인해 본 결과, 중국에서 가장 오염된 강에 사는 비슷한 동물들보다 50배 이상의 오염 물질을 함유하고 있다는 사실을 발견했어요. 쓰레기를 재활용하거나 쓰레기통에 버리기만 해도 진기하고 멋진 심해 생물들을 구할 수 있어요. 쓰레기를 절대 아무 데나 버리지 마세요. 그 쓰레기가 결국 어디로 흘러갈지 모르니까요. 멀리 바다로 휩쓸려 가서 대양의 가장 깊은 곳으로 가라앉을 수도 있어요!

수심 6000m에서 1만 1034m

낱말 사전

갑각류
더듬이와 단단한 외골격이 있는 새우, 게, 바닷가재, 가재, 크릴새우와 같은 무척추동물들을 말해요. 모든 갑각류는 바다에서 생겨났지만, 쥐며느리와 같은 일부 갑각류는 육지에서 살도록 적응했어요.

공생
서로 가까이 살거나 서로의 몸속 또는 몸 밖에 붙어사는 두 가지 다른 동식물 사이의 상호 작용을 이르는 말이에요. 서로에게 이익을 주는 사이를 가리켜요.

관족
동물의 몸 밖으로 튀어나온, 체액으로 채워진 관이에요. 이동과 식사, 감지와 호흡에 사용해요.

군집
같은 종류의 동식물이 떼를 이루고, 생존을 위해 서로 의존해 사는 것을 말해요.

기생충
다른 생물의 몸속이나 밖에 붙어살며 양분을 취하고, 쉴 곳과 사는 데 필요한 그 밖의 모든 것을 해결하는 생물을 말해요. 기생충이 집으로 삼은 동물을 '숙주'라고 해요.

기술된 종
새롭게 발견되어 학술지에 기재된 종을 말해요. 한 종에 대한 공식적이고 과학적인 설명은 이미 발견되고 기재된 유사한 종과의 차이를 설명하는 데 도움이 돼요.

기회 섭식자
마주치는 먹잇감을 가리지 않고 먹는 수중 동물을 말해요.

멸종 위기
동물의 수가 너무 적어서 그 종이 멸종될, 즉 완전히 사라질 위기에 처한 상황을 말해요.

무척추동물
척추, 즉 등뼈가 없는 동물이에요. 해파리나 벌레처럼 몸이 끈끈하고 말랑하거나 곤충이나 게처럼 외골격이 있어요.

박테리아(세균)
현미경으로 봐야 볼 수 있는 아주 작은 단세포 생물이에요. 인간을 포함해 동식물의 몸속은 물론이고 흙, 공기, 물 등 어디에나 살고 있어요. 우리에게 이로운 박테리아도 있고, 해로운 박테리아도 있어요.

생물 다양성
해양의 한 수역처럼 특정한 서식지에 존재하는 다양한 동식물의 삶을 말해요. 생물 다양성이 높으면 생태계를 안정적으로 유지하는 데 도움이 돼요. 서로 다른 동식물이 많다는 것은 그곳에 먹이가 풍족하다는 말이니까요.

생물 발광
살아 있는 생물체가 빛을 내는 현상을 말해요. 이 빛은 동물의 몸속에서 일어나는 화학 반응으로 만들어지며, 겁을 주어 포식자를 쫓아내는 일부터 먹이나 짝을 찾는 일까지 다양하게 쓰여요.

생태계
모든 생물(동식물 및 기타 유기체)과 무생물(암석, 날씨 등)이 함께 상호 작용하며 건강하게 균형을 이루어 살아가는 체계를 말해요.

속(屬)과 종(種)
동식물의 학명은 속명과 종명으로 이루어져 있어요. 속은 비슷한 특징을 가진 동식물의 무리를 분류하는 하나의 방법이에요. 종은 속의 아래로, 서로 번식이 가능한 유사한 생물 집단이에요.

스쿠버
휴대용 수중 호흡 장치를 말해요. 스쿠버 다이버가 물속에서 숨을 쉬려고 사용해요.

신진대사
생명의 유지를 위해 유기체 내부에서 일어나는 화학 반응을 말해요. 다양한 대사 반응이 있지만, 주된 반응은 에너지를 방출하거나 사용하는 거예요. 예를 들어, 동물의 신진대사란 먹은 음식을 소화하여 에너지로 방출할 수 있는 형태로 변환하는 것을 말해요.

암수한몸(자웅 동체)
한 개체에 암컷과 수컷의 생식 기관이 모두 있는 생물을 말해요. 지렁이, 달팽이가 대표적인 암수한몸이에요.

여과 섭식자
몸속의 여과 기관을 이용해 다량의 바닷물을 걸러 내서 필요한 만큼의 먹이를 찾아 먹는 수중 동물을 말해요. 몇몇 상어도 이렇게 먹이를 먹어요.

오염
해로운 물질로 우리의 환경을 더럽게 물들이는 것을 말해요. 세 가지 주된 오염으로는 수질 오염, 공기 오염, 토양 오염이 있어요. 수질 오염의 한 예로, 바다를 더럽히는 미세 플라스틱을 들 수 있어요.

외골격
동물의 몸을 조개껍데기처럼 단단하게 덮고 있는 구조로, 몸을 지탱하고 보호해 주는 역할을 해요. 모든 곤충과 갑각류는 외골격이 있어요.

유기체
동물과 식물, 또는 단세포 생명체를 말해요.

유생
많은 동물들은 성체로 성장하기 전에 유생으로 생을 시작해요. 일반적으로 부모와는 완전히 생김새가 다르며, 생존을 위한 조건도 매우 다른 경우가 많아요. 예를 들어, 올챙이는 개구리의 유생이에요.

유전자
DNA로 이루어진, 세상의 모든 동물이 저마다 고유한 특징을 지니도록 만들어 주는 물질이에요. 살아 있는 동물의 세포 속에 존재하며, 부모에게서 자손에게로 전해져요. 사람은 부모에게서 물려받은 유전자의 조합을 통해 눈이나 머리카락 색깔 등의 외모가 결정돼요.

이동
한 곳에서 다른 곳으로 옮기는 일을 말해요. 동물들은 해마다 거의 같은 시기에 이동을 하는데, 종마다 그 이유도 제각각이에요. 흔히 먹이가 더 많은 곳으로 가거나, 짝을 찾고 번식이 가능한 곳으로 옮겨요.

이산화 탄소(CO_2)
탄소 원자(C) 1개와 산소 원자(O) 2개로 이루어진 화합물이에요. 이산화 탄소는 온실가스로, 태양열을 지구 대기 속에 가두는 온실 효과를 일으키는 주범이에요. 이산화 탄소가 너무 많으면 지구가 과열되고, 이 때문에 날씨가 변화함에 따라 많은 동식물에게 나쁜 영향을 끼쳐요. 이를 지구 온난화 또는 기후 변화라고 불러요.

전기 수용 능력
움직이는 다른 동물의 전기 신호를 포착하는 동물의 능력을 말해요. 전기는 공기보다 물에서 더 잘 전달되기 때문에 대부분의 수중 동물에게서 발견돼요. 먹이를 찾고, 포식자를 피하고, 짝을 찾는 데 사용하지요.

진화
유기체(인간과 동식물)가 환경에 적응하는 것을 돕기 위한 점진적인 변화의 과정이에요. 오랜 시간에 걸쳐 환경이 변화하면 생물들은 새로운 살 곳을 찾아야 하기 때문에 새로운 상황에 더 잘 맞도록 진화해요.

챌린저 해연(Challenger Deep)
해저에서 두 번째로 깊다고 알려진 지점으로, 서부 태평양에 있으며 수심이 1만 893m에 달해요.

척추동물
척추가 있고 몸속에 잘 발달된 골격(내골격)을 지닌 동물을 말해요.

청소동물
먹이를 스스로 사냥하기보다 이미 죽은 다른 동물의 사체를 먹는 동물을 말해요.

크릴새우
물속에 사는 작은 갑각류예요. 주로 해수면 근처에서 자라는 식물성 플랑크톤을 먹고 살아요. 물고기, 고래, 새를 포함해 많은 동물들의 주요한 먹이가 되지요.

탄소(C)
화학 원소 중 하나로, 동식물을 이루는 가장 기본적인 구성 요소에 속해요. 모든 유기 화합물은 탄소를 기반으로 하며, 다른 원소와 결합해 새로운 화합물을 만들어 낼 수 있어요.

퇴적물
해양 퇴적물은 물살을 따라 흘러가다 바다 밑바닥에 가라앉은 아주 작은 암석과 흙의 파편이에요.

퇴적물 섭식자
해삼처럼 해저에서 작은 먹이 조각들을 먹고 사는 수중 동물을 말해요.

포식자
동물학에서는 먹이를 얻기 위해 다른 동물을 사냥하는 동물을 포식자라고 해요. 기생충도 포식자의 일종이에요. 포식자는 균형 잡힌 생태계를 위해 꼭 필요해요.

포유류
포유류는 매우 넓은 부류의 동물이에요. 걷는 동물, 헤엄치는 동물, 하늘을 나는 동물에서부터 육식 동물과 초식 동물에 이르기까지 다양하지만, 몸에 털이 나고, 새끼에게 젖을 먹이고, 온혈 동물이라는 여러 가지 공통점이 있어요.

플랑크톤
물속에서 물결을 따라 떠다니는 작은 생물로, 식물성 플랑크톤과 동물성 플랑크톤이 있어요. 많은 동물들의 먹이가 되며, 특히 식물성 플랑크톤은 대기 중 산소를 생산하는 중요한 역할을 해요.

해류
특정한 방향으로 끊임없이 이동하는 바닷물의 흐름을 말해요. 해수면을 따라 이동하는 해류도 있고, 깊은 바닷속에서 움직이는 해류도 있어요. 바람, 지구의 자전, 온도, 염분(바닷물에 함유된 소금기)의 차이와 달 중력의 영향을 받아요.

해산
해저 산맥 속의 수중 섬으로, 해저에서 1,000m 이상 솟아오른 봉우리를 말해요. 보통 화산 활동으로 형성돼요.

해양 산성화
대기 중으로 방출되는 과다한 이산화 탄소가 해양에 녹아들어서 이산화 탄소의 일부가 산으로 바뀌는 것을 말해요. 탄산 칼슘으로 이루어진 껍질을 가진 어패류나 산호에겐 아주 치명적인 위협이에요. 산성 성분이 탄산 칼슘을 녹여 버릴 수 있으니까요.

현탁물 섭식자
물속을 떠다니는 유기물 입자나 작은 동식물을 걸러 먹는 수중 동물을 말해요.

화석
선사 시대 동식물의 유해나 흔적이 암석 속에 그대로 남아 있는 것을 말해요.

ROV(Remotely Operated Vehicle)
원격 조종 무인 탐사정을 이르는 말이에요. 과학자들이 심해 생물 연구용으로 사용해요.

낱말 사전

찾아보기

ㄱ

갈라파고스 단층 77, 80
개충 41
거대등각류 106~107
거대유령해파리 63
거미불가사리 94~95, 119
고래 사체 13, 100~111
고래물고기 64
고르고노케팔루스 119
공생 관계 63, 98, 102~103
관족 93, 117
관해파리 40~41
광합성 69
그라넬레도네 보레오파치피카 96

그레그 라우스 57
글로리아 홀리스터 14
기생 수컷 18~19, 44
기생충 51, 71
기회 섭식자 25, 58
기후 변화 8, 99
긴코은상어 55
꼬리표 29

ㄴ

나무수염아귀 44~45
난포 94
남획(마구잡이 어업) 58
넓은주둥이상어 26~27
녹색말미잘 87

늑대덫아귀 46

ㄷ

다람쥐해삼 117
다모류 87
단각류 90, 118~119
단판류 65
대양 지각 12, 68~69
대왕오징어 32~33
도요새장어 22~23
독사고기 60
독침 세포 41, 54, 87
두족류 97
드워프랜턴상어 53
등각류 55, 106~107

디프스타리아해파리 54~55
디프시챌린저호 15
따개비 71
똥(배설물) 23, 35, 89, 93

ㄹ

랜턴상어 52
레모라(빨판상어) 71
로렌치니 기관 28

ㅁ

마귀상어(고블린상어) 28
마리아나 해구 13, 15, 115, 117~119
말미잘 87, 107, 110
망간 단괴 97
망원경문어 37
맨틀 12, 69
머리없는치킨몬스터 61
먹장어 108~109
멸종 위기종 75
무척추동물 63, 66, 87, 107~108
문어 37, 78~79, 96~97
뭉툭코여섯줄아가미상어 29
미끼 18, 45, 49
민고삐수염벌레 76~77

ㅂ

바늘방석아귀 19
바다거미 91
바다눈 17, 35
바다돼지 92~93
박테리아 45, 48, 69, 71~72, 74, 76~77, 80~81, 102~103
발광기 20, 36, 67
방란 23
방정 23
배시스피어호 14
배좀벌레조개 104~105
보석오징어 36
볼록눈물고기 48
불가사리 94~95
블로브피시 25
비너스의 꽃바구니 39
비늘발고둥 74~75
빅노우즈 64
빅터 베스코보 15, 113
빛을 만드는 기관 20, 35~36, 41, 45, 47~48, 50~53, 60~61, 67

ㅅ

산란 94, 99
산호 57, 98~99
삼천발이 119
상어 26~31, 50~53, 71
색소포 97
생물 발광 43, 91
설인게 72
세발치 84~85
세포 외 소화 73
슈퍼 유기체 41
스쿼트랍스터 70~72
시셰퍼드 58
신호등긴턱고기 47
실꼬리고기 24~25
심연 13, 82~99
심연세발치 84~85
심해 말미잘 87, 107, 110
심해 산호 57, 98~99
심해 열수구 12, 68~81
심해 해삼 116~117
심해 해파리 40~41, 54~57, 63
심해이빨흑고기 86
심해저 채굴 75, 94, 97
심해층 12, 42~67
쌍각류 80~81, 104~105

ㅇ

아귀 18~19, 44~46, 49
아비소브로툴라 갈라테아이 9, 117
아스베스토플루마 몬티콜라 73

아톨라해파리 53
알루미늄단각류 118
알류샨 해구 115
암수한몸(자웅 동체) 85
앨버트로스 67, 90
앵무조개 37
엉덩이로 숨 쉬는 동물 116
여과 섭식자 26, 39, 117
열수구문어 78~79
열수구조개 80~81
영양체 76
오렌지러피 56
오세닥스 102
오염원 9, 15, 119
오징어 32~36, 66~67, 97
오징어벌레 62~63
오피스토프록투스 48
외골격 55, 71
용물고기 20~21, 47
우주해파리 56~57
원격 조종 무인 탐사정(ROV)
    62, 71, 92, 97, 113
원시 상어 29~30
원시 생명체 108
윈테리아 텔레스코파 49
윌리엄 비비 14
유령문어 96~97
유령은상어 111
유리송곳니독사고기 60
유리해면 38~39
육식 해면 73

은상어 21, 55, 111
이동 24
이루칸지해파리 19
이빨 19, 21~23, 31, 33, 47,
    51, 60, 86
이산화 규소(실리카) 38
이산화 탄소 69, 99
이오삭티스 바가분다 87
이즈-오가사와라 해구
    115, 118
일본 해구 15, 118

ㅈ

작전명 아이스피시 58
장새류 88~89
저인망 14, 52, 58, 94, 99
적응 118
전기 수용 111
점액 35, 89, 109
제임스 캐머런 15, 113
존 로스 95
좀비벌레(뼈벌레) 102~103
주름상어 30~31
중간층(약광층) 11, 16~41, 48
진화 52
짝눈이오징어 36

ㅊ

채찍용물고기 20~21

채찍코아귀 49
챌린저 해연 13~15, 118
처진고래물고기 64
척추동물 108
첨칫과 117
체외 생물 71
초거대단각류 90
초고온성 생물 76
초대왕오징어 66~67
초심해 물고기 117
초심해꼼치 114
초심해대 113, 116
촉각 섭식 79
총 40
치설 33
침몰선(난파선) 13, 100~111

ㅋ

카시오페아해파리 19
콜로센데이스 91
쿠키커터상어 50~51
크리스토퍼 콜럼버스 105
큰붉은해파리 19
키아스모돈 59

ㅌ

탄산 칼슘 99
태평양독사고기 60
털아귀 18

테이프테일 64
통가 해구 115
통안어 48~49
투명 이빨 21
투명 해파리 57

ㅍ

파리지옥말미잘 107
파타고니아이빨고기(메로) 58
페루-칠레 해구 115
펠라고투리아 나타트릭스 116
평형석 33
표층(유광층) 11, 98
푸에르토리코 해구 115, 117
풍선장어(펠리컨장어) 51
플라스틱 쓰레기 9, 15, 119
플리니우스 14, 33
피에조라이트 8
필리핀 해구 115, 118

ㅎ

학명 9
해구 13, 112~119
해류 8, 56, 84
해면 38~39, 73, 97
해산 56~57
해삼 61, 92~93, 116~117
해양 산성화 99
해파리 19, 40~41, 53~57, 63

해팽 78~80
향고래 36, 66~67
헤모글로빈 76, 81
현탁물 섭식자 87
호프게 71
혼획 52
화석 37, 65, 109
화학 무기의 바다 폐기 119
화학 합성 69, 76
황록공생조류 98
황화 철 74
흡혈오징어 34~35
흡혈오징어의 파인애플 자세 35

팀 플래너리 박사님이 들려주는
신기한 바닷속 세상 이야기

심해 동물 대탐험

초판 1쇄 인쇄 2022년 8월 5일 | 초판 2쇄 발행 2023년 5월 25일
글 팀 플래너리 | **그림** 샘 콜드웰 | **옮김** 천미나 | **감수** 박시룡 | **편집** 황인석 | **디자인** 강소리 | **홍보관리** 손은영
펴낸곳 별숲 | **펴낸이** 방일권 | **출판신고** 2010년 6월 17일 | **주소** 경기도 파주시 광인사길 68, 403호
전화 031-945-7980 | **팩스** 02-6209-7980 | **전자우편** everlys@naver.com

ISBN 979-11-92370-19-4   76490

- 이 책 내용의 전부 또는 일부를 사용하려면 반드시 저작권자와 별숲 양측의 서면 동의를 받아야 합니다.
- 책값은 뒤표지에 표시되어 있습니다.
- 잘못된 책은 바꾸어 드립니다.
- 별숲 블로그 blog.naver.com/everlys 별숲 인스타 @byeolsoop_insta

Original Title: **Explore Your World: Deep Dive into Deep Sea**
Text copyright © 2020 Tim Flannery
Illustrations copyright © 2020 Sam Caldwell
Design copyright © 2020 Hardie Grant Children's Publishing
First published in Australia by Hardie Grant Children's Publishing

Korean translation copyright © 2022 Byeolsoop Publishing
Published in the Korean language by arrangement with Hardie Grant Children's Publishing PTY. LTD. through Icarias Agency.

이 책의 한국어판 저작권은 Icarias Agency를 통해 Hardie Grant Children's Publishing PTY. LTD.와 독점 계약한 별숲에 있습니다.
저작권법에 의하여 한국 내에서 보호를 받는 저작물이므로 무단전재와 복제를 금합니다.